사춘기, 그분을
어떻게 모실까

김주애 지음

8   프롤로그

1

자녀에게 찾아온 두려운 손님, 사춘기

16   사춘기, 그분을 어떻게 모실까

24   사춘기 아이를 돌보는 시간. 천국은 아니지만, 지옥도 아니다

32   말 잘 듣는 아이는 어디로 갔을까

45   뜨거운 사춘기 자녀에겐 냉정과 열정 사이의 부모가 필요하다

52   사춘기 자녀와도 밀당이 필요하다

59   아이를 잘 안다는 착각, 이제는 양육의 울타리를 넓혀야 할 때

70   부모로 태어나 성장통을 겪으며 그렇게 우리는 부모가 된다

2

내려놓음의 미학

84   세상에 하나뿐인 나만의 육아서, 양육계획서

95   엄마가 선생님이라서 좋았던 거 있어? 아니, 없는데…

103   아이를 위한 긴급 출동은 그만.

      스스로 선택하고 책임질 수 있는 힘이 필요하다

112   "친구들이랑은 잘 지내고 있어?"

      엄마도 함부로 끼어들 수 없는 자녀의 친구 관계

131   결핍이 결핍된 시대, 어떤 성공엔 결핍이 무기가 된다

141   순종적인 아이는 착한 걸까,

      말대꾸하는 아이는 착하지 않은 걸까

150   세 살 기억 여든까지 간다

160   아이를 키우는 데 여전히 온 마을이 필요하다

3

사춘기 양육의 빌런

172 정체를 드러내는 양육의 빌런은 바로 OO

183 비범한 아이와 평범한 아이

191 똥줄이 타야 책상에 앉는다

205 슬기로운 학원 생활 (feat. 옆집 엄마는 모르는 공부의 비밀)

216 그래, 성적은 내 거 아니고 네 거다

228 외모 치장에 몰입하는 아이들, 웬만해선 그들을 막을 수 없다

236 피할 수 없는 디지털 기기와의 전쟁

247 재수 없는 엄마, 재수 있는 아이

4

너와 나의 아름다운 독립을 위하여

258 자녀의 가치를 침범하지 않는다

267 엄마는 관람석에 앉아 있었다

275 아이는 부모의 뒷모습에 스며들며 자란다

283 "무슨 훌륭한 사람이야. 그냥 아무나 돼."

　　　어디에서 무엇으로든, 존재하기만 한다면

291 '나다움'을 찾기 위한 찌질과 방황을 허용한다

303 나에게 안부를 묻는다

312 얼마 남지 않은 양육의 나날,

　　　너와 나의 아름다운 독립을 꿈꾸며

bring up
TIPS

40 사춘기 신호는 어떻게 알 수 있을까

78 사춘기 자녀에 어울리는 부모의 역할

93 양육계획서, 나는 이렇게 썼다

124 사춘기 자녀에게 나타날 수 있는
    친구들과의 갈등 상황은 어떤 것이 있을까?

126 자녀가 친구들과의 갈등으로 힘들어할 때,
    부모가 어떤 방법으로 도와줄 수 있을까?

129 자녀가 친구와의 갈등을 겪을 때,
    부모가 직접 개입한다면 어떤 점이 안 좋을까?

224 사춘기 자녀에게 어떻게 공부 동기를 심어줄까?

320 에필로그

프롤로그

사춘기 동상이몽의 터널 끝에서

부모가 되고 나서 맞닥뜨린 자녀의 사춘기는 내 어린 시절 사춘기보다 한층 더 시리고 혹독했다. 사춘기 이전까지의 육아는 몸은 힘들더라도 아이의 성장을 바라보는 소소한 기쁨과 보람의 나날이 대부분이었다. 그런데 웬일인지 아이에게 사춘기가 다가오기 시작하면서부터는 상실과 슬픔이 마음을 지배했다. 사춘기라는 성난 파도가 아이에게 온 것인지 나에게 온 것인지 도통 구분이 되지 않았다.

 나는 정확히 27년 6개월 경력으로 초등교사 생활을 마치고 지난 2월에 퇴직했다. 돌이켜보니 내가 직접 가르친 아이들이 대략 천 명 가까이 된다. 근무 기간 중 반이 넘는 시간을 고학년(4~6학년) 아이들과 만났다. 초등학교에서 고학년은 본격적인 사춘기로 접어드는 시기이므로 자녀의 사춘기를 처음 맞이하고 힘들어하는 학부모들도 많이 상담했다.

 그리고 23년 넘게 두 자녀(현재 23세 딸, 18세 아들)를 키웠다. 교사 경력과 엄마 경력을 모두 합하면 50년이 넘는다. 소림사였다면 무림 고수가 되고도 남았을 시간이다. 그런데 나는 어제만해도 대학생 딸과 가벼운 말다툼을 했고, 오늘 아침에는 학교에가기 싫다는 아들에게 화를 가라앉히며 다독여 학교에 모셔다드리고 왔다. 무술이라면 몰라도 인간을 길러내는 일에 고수라는 말이 가당키나 할까.

　지금 대학생인 딸 아이는 폭풍우가 몰아치던 사춘기의 항해를끝내고 성인의 초입에서 정박 중이다. 하지만 본인은 비바람을헤치며 험난한 파도와 맞서 싸운 기억은 깡그리 잊은 눈치다.왜 아니 그럴까. 각자의 성장기는 자연스레 기억에서 소멸한다.사춘기를 지나는 아이들에게는 특별할 것도 없는 지극히 자연스러운 성장 과정이기 때문이다.
　나도 나의 사춘기가 도통 기억나지 않는다. 어렴풋이 떠올려보면 어릴 때 나와 내 친구들은 우리를 마치 폭풍우가 몰아치는 바다 한가운데 떠도는 난파선을 바라보는 듯한 어른들의 시선이 부담스러웠다. '질풍노도의 시기'라고 하면서 심각하고 진지하게 바라보는 어른들이 오버하는 것처럼 보였다. 우리는 그냥 태풍의 한가운데, 태풍의 눈처럼 고요하기만 한데 말이다.
　내 자녀가 사춘기가 되니 개구리가 그렇듯 과거 나의 사춘기를 잊는다. 내 아이에게 기대하는 프레임을 씌워 아이를 바라본다. 인정하기 싫지만 나도 어쩔 수 없는 기성세대가 된 것이다.

나는 사춘기 양육의 터널 끝에 다다른 듯하다. 이제 와 드는 생각은 양육은 부모의 가치관을 결코 뛰어넘을 수 없다는 것이다. 아무리 좋은 육아법이라도 부모가 그러한 양육철학이나 가치관을 따르지 않는다면 제대로 적용하기 힘들다. 육아의 소소한 팁이나 자녀에게 하는 언어는 부모가 가진 가치관 안에서 이루어지는 활동이기 때문이다. 양육을 고민하기에 앞서 나 자신의 마음을 먼저 갈고 닦아야 할 이유다. 세상을, 아이의 인생을 멀리 그리고 넓게 바라보는 시선과 안목이 필요한 이유다.

많은 육아서가 넘쳐나지만 모든 아이에게 일반적인 방법론이란 얼마나 위험한가. 자녀가 일반적인 프레임에서 조금 벗어나기라도 하면 큰 문제가 있는 듯 여길 수 있으며 내 자녀의 개성이나 특이점을 놓칠 수 있다. 자녀를 위한 해답은 그 아이의 부모만이 알고 있다. 아동기 양육이 그렇듯 사춘기 자녀 양육의 답도 내 자녀에게 있다. 아동기 때와는 달라진 아이를 인정하고 내 자녀의 고유한 결에 맞는 양육 방법을 찾아야 한다. 나의 이야기도 나와 내 아이들의 서사일 뿐이므로 기준이 될 수는 없다. 이 책을 읽는 부모도 자녀의 결에 맞는 사춘기 양육의 서사를 만들어가기를 바란다.

  책을 쓰려고 마음먹은 후에 대학생인 딸아이에게 물었다. 어쩌면 굴욕일 수도 있는 사춘기 에피소드를 써도 되겠냐고. 아이는 "사춘기가 다 그런 거지 뭐." 하며 쿨하게 허락했다. 그때 내가 몰랐던 걸 지금 너는 알고 있구나. 이렇게 또 아이에게 배운다. 이번 기회에 자기애에 빠져있던 나를 구원해준 내 인생의 사부인 딸과 아들에게 사랑이 담긴 고마움을 전하고 싶다.

1장
자녀에게 찾아온 두려운 손님, 사춘기

사춘기, 그분을 어떻게 모실까

'그분이 오셨다'라는 말만큼 엄마를 두렵게 만드는 말이 있을까. 때가 되면 자녀에게 찾아오는 불청객인 그분, 바로 사춘기 말이다. 그분은 성미가 고약한데다 매너도 없다. 어느 날 갑자기 예고도 없이 들이닥친다.

그런데 궁금하다. 반갑지도 않은 사춘기라서 '그놈'이라고 해도 시원치 않을 텐데 왜 '그분'이라는 것인지. 경외심은 아닐 테고, 아이의 사춘기가 무시무시할 테니 각오하라는 건지, 까칠해서 조심스러우니 상전처럼 모셔야 한다는 건지 모를 일이다.

'중2병'이라는 말은 점차 빨라지는 사춘기로 인해서 '초4병'이라는 말까지 낳았다. 굳이 병이라고까지 말할 필요가 있을까 싶지만, 특정 시기를 콕 짚은 것은 예리해 보인다. 사춘기는 대체로 초등학교 4학년쯤 시작해서 중학교 2학년 즈음에 절정을 맞기 때문이다.

지금은 대학생인 큰아이도 중학교에 들어가면서 급변하기 시작했다. 우리 집은 1, 2주에 한 번꼴로 전쟁이 벌어졌다. 참전 용사는 나와 딸이었다. 주된 사유는 밤늦은 시간까지의 스마트폰 사용이나 발 디딜 틈 없이 어질러진 방이었다.

마른 잎에 화르르 불이 붙듯 곧바로 전쟁이 일어나지는 않는다. 내가 문제의 장면을 발견하는 것으로 전쟁의 불씨는 피어오른다. 일단은 감정을 억누르며 부드러운 목소리로 "폰은 그만하고 자야 하지 않을까? 방 정리 좀 하자."라고 한다. 아이는 마지못한 소리로 영혼 없는 대답을 했지만 움직일 기미는 보이지 않는다. 딸의 동태를 살피며 예의주시한다. 이때까지는 그나마 이성이 지배할 때다.

바위처럼 꿈쩍하지 않는 아이를 바라보며 인내심 게이지는 올라가기 시작한다. 게이지가 폭발하기 전에 딸이 움직여준다면 불씨는 이내 사그라들지만, 그렇지 않다면 결국 언성이 높아지고 잔소리가 터져 나온다. 아이는 만사가 귀찮은 표정으로 폰을 내려놓거나 대충 방을 정리한다. 그래야 엄마의 공격이 잠잠해질 테니 하는 척이라도 해주는 듯 보인다.

전쟁의 양상은 매번 이런 식으로 비슷하게 전개됐다. 내가 먼저 경고하고, 딸의 반응을 기다리곤 했다. 줄곧 무반응으로 일관하는 아이에게 내 성질을 못 이겨 공격을 퍼붓고, 딸은 소극적으로 방어하는 패턴의 반복이었다. 후방에는 구경꾼으로 아들이 있고, 가끔 보다 못한 남편이 중립국처럼 등장해 양쪽의 화해를 이끌어내곤 했다.

　나는 초등학교 교사였고 본격적인 사춘기로 접어드는 고학년 담임도 많이 했다. 자녀의 사춘기로 골머리를 앓으며 하소연하는 엄마들에게 이런저런 조언을 해주기도 했다. 하지만 정작 내 아이의 사춘기를 맞닥트리고 보니 그동안 했던 말은 뜬구름 잡는 이상이었고 허울 좋은 오만이었다.

　아이는 사춘기라서 그렇다 치고, 나는 왜 아이의 변화를 인정하지 못하고 있는 그대로 봐주지 못하는 걸까. 머리로는 알고 있었지만, 달라진 아이를 마주하면 감정이 주체가 안 되고 널을 뛰었다. 내 자식을 객관적인 렌즈로 들여다보기란 얼마나 어려운 일인지. 같은 사건도 학급 아이들에게는 너그러운데 내 자식에겐 피가 솟구치곤 했다. 부모에게 닥친 자녀의 사춘기란 그야말로 영혼까지 탈탈 털리는 매운맛이다.

　딸은 사춘기가 시작되면서 이전의 말 잘 듣고 순종적인 모습은 연기처럼 사라졌다. 어릴 때 써먹었던 한쪽 눈 질끈 감고 속이는 공갈이나 강압적인 협박은 더 이상 먹히지 않았다. 알아들게 타일러도 그때뿐, 이전과 달라진 행동을 서슴없이 하는 아이에게는 사춘기의 타격감이라곤 없었다.

그분은 아이에게 온 것이 아니라 나에게 온 것 같았다. 그분에게 휘둘려 이성이 마비돼 정신을 못 차리는 건 아이가 아니라 내 쪽인 것 같았다. 내가 열을 펄펄 내며 감정의 널뛰기를 할수록 그분은 낄낄거리며 재미있게 지켜보는 것만 같았다. 나 혼자 안달복달하고 내 속만 타들어 가고 있었다. 그분은 나를 괴롭히려고 온 게 틀림없어 보였다.

딸과 크고 작은 국지전을 반복하다가 이대로는 안 될 것 같아서 휴전에 들어갔다.

나의 사춘기를 떠올렸다. 혼자서 몸을 웅크리고 표정을 감추고 싶어도 문 닫고 들어앉을 내 방은 없었다. 사춘기 특유의 황폐한 표정과 묵비권은 가족 앞에 빤히 드러나 보였다. 나는 나대로 힘들었고, 사춘기가 뭔지 모를 정도로 먹고살기 바쁜 팍팍한 삶을 살아오신 부모님은 자식의 변화를 받아들이지 못했다. 어머니는 유약했고 아버지는 강건했다.

아버지의 말은 모두 옳고 바른길이었다. 틀린 말 하나 없었다. 하지만 내가 거부감을 느낀 것은 내용이 아니라 방식이었다. 투박하고 강압적인 아버지에게 반발심을 느꼈고 아버지가 그러면 그럴수록 나는 더욱 굳게 입을 다물었다. 사춘기 아이의 전형적인 말과 태도로 부모님을 대했다. 원래도 말수가 별로 없고 살가운 성격이 아니었는데 사춘기라는 이유로 그런 내 성향은 더욱 강화됐다.

내 아이의 사춘기를 마주한 나도 딸에게 강한 어조로 바른말을 일관하고 있었다. 사춘기였던 과거의 나와 그때의 아버지, 사춘기가 된 딸과 지금의 내가 오버랩됐다. 데자뷔였다. 나이를 먹어가면서 아버지를 이해했지만 여전히 매끄럽지 않은 아버지와의 관계가 떠올랐다. 딸의 사춘기가 끝나고 난 뒤에는 우리 모두 상처 뿐인 패잔병이 되어 엉망진창인 관계만 남을 것 같았다. 그렇게 되지 않으려면 뭔가 다른 방법을 찾아야 했다.

대학생이 된 딸과 대화를 나누다가 우연히 사춘기 때 이야기가 나오기라도 하면, 딸과 나의 기억이 달라서 놀라곤 한다. 딸은 자신이 지나온 사춘기의 대혼란을 전혀 기억하지 못하는 듯 보인다. 그럴 만도 한 것이 사춘기 아이들에게 그것은 그다지 특별한 일이 아닌, 자연스러운 성장 과정이기 때문이다.

이제 와 돌이켜보면 나는 대체 무엇 때문에 분노하고 누구와 다투었던 걸까. 사춘기라는 갑작스러운 변화를 받아들이지 못한 건 아이가 아니라 엄마인 나였다. 내 멋대로 아이 미래를 부정적으로 예상해서 불안과 걱정에 밥을 주고 있었다. 아이에 대한 부족한 믿음으로 최악의 시나리오를 상상하고 있었다.

　내가 맞서 싸운 건 딸의 사춘기가 아니었다. 사춘기를 곱지 않은 눈으로 바라보는 나의 시선, 나의 강박, 나의 불안과 싸우고 있었다. 혹시 아이가 잘못된 길로 갈까 봐 두려운 마음에 혼자 안달 나서 나를 들들 볶았다. 지금은 그때의 상흔이 어렴풋하지만, 가끔 그런 생각은 한다. '아이를 좀 더 믿어주었다면…, 더 많이 못 본 척해주거나 못 들은 척해주었다면…, 가끔 져주었더라면…'

　딸의 사춘기가 끝나갈 즈음, 다섯 살 어린 아들에게도 그분의 그림자가 비치기 시작했다. 이번에는 허둥대지 않기로 마음먹었다. 어차피 다녀가실 분이라면 얼른 다녀가는 편이 낫지 않을까. 너무 늦지 않게 와주신 게 어찌 보면 다행이었다. 그분이 앉을 자리를 마련해두고 언제 들이닥치더라도 당황하지 않을 마음의 준비를 했다.

　아들의 달라지는 말과 행동에서 그분이 오시는 게 스멀스멀 느껴졌다. 24시간 항시 개방돼있던 아들의 방문이 어느 날부터 슬그머니 닫혔다. 상냥했던 말투는 투박해지고 빠릿빠릿했던 행동은 나무늘보처럼 늘어지기 시작했다. 문을 열고 들여다보면 아이는 이불을 둘둘 말아 웅크리고 있었다. 누에고치 같은 아들을 보면 입술이 달싹거렸지만 심호흡이 필요한 순간이었다. 수선떨지 않으려고 마음을 진정했다. 그분의 기에 눌려 내가 먼저 예민해지지 않으려고 했다. 몸에는 사리가 쌓여가는 듯했지만 최선을 다해 못 들은 척, 못 본 척하려고 노력했다.

지금 그 아들이 고등학교 3학년이다. 사춘기의 터널에서 맞이한 수험생의 삶이란 녹록지 않다. 아들은 어릴 때의 해맑은 표정을 잃어버린 지 오래다. 큰 불만이라도 있는 듯 벌레 씹은 얼굴로 어깨는 축 늘어트리고 좀비같이 걸어 다닌다. 그 시간을 겪어본 나도 잘 안다. 대학은 가야겠으니 지옥 같은 입시를 치르긴 해도 싱글벙글할 기분은 결코 아닐 테니 그런대로 봐주기로 한다.

요즘 들어 새로운 변화를 감지했다. 아들에게 찾아왔던 그분이 슬슬 짐보따리를 싸려는 기미가 보인다. 이 정도면 할 만큼했다고 생각한 건지, 떠날 때가 돼서 떠나는지는 모르겠다. 한편으로는 만약에 내가 그분을 온몸으로 저항하며 폭풍 잔소리와 악다구니로 맞섰다면 어땠을까, 하는 생각은 든다. 그분은 우리 모자의 사춘기 전쟁을 흥미진진한 영화라도 감상하듯 오징어를 씹으며 지켜보다가, 누구든 먼저 나가떨어지는 꼴을 보고 나서야 후련하다는 듯 떠나지 않았을까, 하고 말이다.

 아이가 그분이랑 평생 같이 살지는 않을 테다. 아이 인생에서 그분은 그저 잠깐 왔다 가는 손님이다. 이래도 떠나고 저래도 떠날 거라면 굳이 박대할 필요가 없지 않을까. '그분'이 다녀가야 아이는 성숙해지기 때문에 반드시 왔다 가야 하는 손님이다. 내 아이를 성장시켜줄 고마운 분으로 생각하니 다르게 보였다. 두 팔 벌려 환영하겠다는 마음으로 바꾸니 아이가 다르게 보이기 시작했다.

 너무 일찍 와도 문제 너무 늦게 와도 문제지만, 언제라도 찾아올 분이라면 적당한 때에 찾아와 준 그분께 감사하는 마음으로 융숭하게 대접해보는 건 어떨까. 혹시 모를 일이다. 그분이 예상치도 못했던 부모의 환대와 지지에 몸 둘 바를 모르고 서둘러 짐을 챙겨서 계획보다 일찍 떠날지도.

사춘기 아이를 돌보는 시간
천국은 아니지만, 지옥도 아니다

  나는 경력 23년 된 두 아이의 엄마다. 큰애(딸)는 지금 대학교 3학년이다. 학교 근처 자취방에서 반독립적인 생활을 하고 있다. 등록금과 월세만 지원해주고 나머지 생활비는 학교에 다니면서 틈틈이 하는 아르바이트로 충당한다. 생활비에서 조금씩 떼어내 모아둔 돈으로 혼자 외국 여행을 다녀오기도 한다. 경험 삼아서 푼돈을 투자해 수익률을 올리거나 손해를 보기도 하며 재테크 경험을 하기도 한다.

  작은애(아들)는 고등학교 3학년으로 사춘기의 절정은 이미 지났고 완만한 하강 곡선을 그리며 착륙 직전으로 보인다. 며칠 전에는 뜬금없이 청년 주택은 대체 어떻게 하는 거냐며 물어왔다. 궁금해하는 이유를 물었더니 요새 다들 살기 어렵다고 하니 미리미리 준비를 해둬야 한다는 아들의 말에 웃음이 터졌다.

우리 아이들이 유별나게 독립적인 기질을 타고난 건지, 아니면 내가 그렇게 키운 건지는 알 수 없다. 결과를 보고 원인을 찾기란 어려운 일이다. 게다가 20년도 넘게 걸리는 양육에서 어떤 변인으로 이런 결과를 가져왔는지 찾아내기란 불가능하다. 나도 한때는 '내가 잘못 키워서…' 혹은 '내가 잘 키워서…'라고 생각한 적이 있다. 하지만 섣부른 판단이었다. 다 큰 아이들을 보면서 내가 키웠다고 자부하지만, 아이들은 자신의 결대로 자랐다. 나는 두 아이가 각자 가지고 있는 고유한 결을 따라가 준 것뿐이다.

태어나서 성인이 되기까지 얼마나 많은 복합적인 요소들이 작용할까. 우리는 부모의 역할이나 영향력에 지나치게 높은 기대와 환상을 가지고 있는 건 아닐까. 부모의 영향력을 무시할 수는 없지만 절대적이지도 않다. 아이는 부모가 키우는 방향대로 자란다고 생각하지만, 딱히 그렇지도 않다. 똑같은 부모에게 똑같은 양육 방식으로 자란 형제들이 제각기 다른 이유는 어떻게 설명할 수 있을까.

아이들은 도자기 빚듯 모양대로 빚어지는 도자기가 아니다. 부모가 제공하는 환경이나 양육 방식도 중요하지만, 아이들은 타고난 기질이나 결을 따라 자신이 원하는 방향으로 자란다. 그렇게 자라기 시작하는 순간이 바로 사춘기다. 이맘때 아이들은 부모를 포함한 어른들의 영향력에서 강하게 벗어나고 싶어 한다. 나도 이때쯤 어른들의 이중성에 실망하면서 세상이 시시해졌다. 이상과 현실의 괴리감이 사춘기를 지배했고 그 사이에서 갈등했다. 세상은 보이는 그대로가 현실이며 가끔은 보이지 않는 진실이 감춰져 있기도 하다는 사실을 받아들이기까지 시간이 걸렸다.

사춘기에도 불구하고 부모가 바라는 대로 자라는 아이들도 있다. 아마도 둘 중 하나가 아닐까 싶다. 순종적인 성향이거나 아이의 방향이 부모가 바라는 방향과 일치하거나. 후자라면 흔치 않은 일인 만큼 점지해주신 삼신할머니께 감사할 일이지만, 전자의 경우라면 부모는 아이의 진짜 속마음이 어떤지 세심하게 들여다봐야 한다.

아이가 어릴 때는(사춘기 이전) 가르치는 대로 따르고 순종하니까 부모 마음은 흐뭇하다. 그런데 나이의 앞자리가 십으로 바뀌는, 이른바 십 대가 되면서부터는 달라지기 시작한다. 부모가 바라는 대로 하지 않는 아이를 보니 잘못 키운 건가 싶을 수도 있다. 하지만 아이는 지극히 정상이며 아주 잘 자라고 있다. 고치 안에서 웅크리고 자기 살 궁리를 하며 삶의 방향을 설정하는 중이다. 아이가 다음 스텝으로 진행했으니 어릴 때와는 다른 양육 방식을 적용해야 한다.

큰애가 중학교에 들어가고 사춘기 절정을 달리던 어느 날, 내 마음에서 지옥을 보았다. 아이가 잘못된 방향으로 갈까 봐 불안했고 섣부른 기대에 사로잡혀 나 혼자 집착하고 아이의 미래에 욕심을 내고 있었다. 내가 생각한 틀에 맞춰 아이를 통제하려 들었고 나의 온갖 욕망 덩어리들이 뒤엉켜 갈피를 잡지 못하고 있었다. 이성으로 대응하지 못하고 감정부터 앞서 관계를 집어삼킬 것만 같았다. 정신이 번쩍 났다. 이대로라면 내가 겪었던 사춘기 지옥을 내 아이도 겪을 게 뻔했다. 하루 이틀에 끝날 일도 아닌데 아이도 나도 다 같이 괴로운 지옥 같은 사춘기를 보낼 수는 없었다.

2014년, 봄의 어느 날을 선명히 기억한다. 일주일 후에 교사 단합 체육대회에서 배구 경기가 있을 예정이었다. 학교 전체 교사들이 체육관에 모여 연습을 마치고 둘러앉아 오전에 잠깐 스치듯 본 뉴스 이야기를 나눴다. 대화를 나누면서도 한 치의 의심 없이 모든 아이가 무사히 구조될 거라고 예상했다. 하지만….

그 일이 있고 난 뒤 몇 달이 넘도록 멘붕과 트라우마로 어렵게 지냈다. 이게 과연 현실인지 실감조차 나지 않았다. 모든 부모는 내 자식을 어떤 눈으로 바라보았던가. 내 옆에는 중학교 2학년 딸이 있었다. 아침에 눈을 뜨면 바로 옆에 있는 내 자식이 존재한다는 사실에 감사했다. 거기엔 핸드폰도 게임도 공부도 낄 자리가 없었다.

이 마음을 잊지 않고 부모로서 최소한의 역할만 남기고 남은 몫은 아이에게 맡겨보면 어떨까, 생각했다. 내 눈에는 사춘기 아이의 말과 행동이 다 이상해 보여도, 지극히 자연스러운 성장이었다. 왜 그전처럼 말을 듣지 않느냐고, 순종하지 않냐고 하는 건 흐르는 시간을 거꾸로 돌리려는 것만큼이나 불가능한 일이다. 이전까지 고수했던 양육 방식은 폐기할 때였다.

초등학교 3학년을 담임할 때, 교실에서 날치알보다도 작은 배추흰나비알을 키운 적이 있다. 돋보기를 들이대야 겨우 보일 정도로 작은 알이다. 어느 날 아침 출근해서 들여다보니 잎사귀에 구멍이 숭숭 나 있었다. 밤새 잎을 갉아 먹은 흔적이었다. 어느새 알은 애벌레로 부화해 천적의 눈에 띌까 봐 잎사귀 뒤에 붙어서 꼼짝도 하지 않고 있었다. 애벌레는 낮에는 화석처럼 움직이지 않았지만 하루가 다르게 통통해지며 폭풍 성장을 했다. 며칠 지나자 줄기에 붙어있는 옅은 회갈색의 작은 고치를 발견할 수 있었다.

언제 한번은 운이 좋게도 고치에서 나비가 되는 순간을 바로 옆에서 지켜본 적이 있다. 고치 안에서 뭘 하는지 한참을 꿈틀거리다가 한쪽 귀퉁이가 살짝 벌어진다. 구겨진 몸을 겨우 비집고 끙끙거리면서 나비가 빠져나온다. 날개는 쭈굴쭈굴하게 젖은 채 살짝 구겨져 있어서 아직 날지 못한다. 줄기에 잠시 앉아기다리면 보송보송하게 마른 예쁜 날개를 가진 나비가 된다. 안쓰러운 마음에 돕겠다고 고치를 벌리거나 날개를 건드리면 나비가 돼보지도 못하고 죽거나 날개는 기형이 된다.

　사춘기 아이가 어른이 되는 과정도 비슷해 보였다. 아이는 나비가 되기 위해 고치에서 몸부림치는 중이었다. 방해하지 않고 기다려주기로 했다. 설마 아이가 평생 고치로 살지는 않을 거라고 믿었다. 때가 되면 내가 틀어막아도 아이는 고치를 찢고 하늘로 날아오를 것이다.

　애벌레에서 고치로 성장한 아이에게 계속 배춧잎을 먹으라고 할 수는 없다. 고치는 일정 시간동안 먹지도 않고 웅크린 채로 움직이지 않는다. 최대한 건드리지 않는 것이 고치를 대하는 올바른 방법이다. 아이를 대하는 나의 양육 방식도 달라져야 할 시점이었다. 아이는 내 손길이나 마음 씀을 더 이상 원하지 않고 있었다. 살림살이를 줄이면 살림이 훨씬 수월해진다. 마찬가지로 양육도 꼭 필요하고 중요한 것만 남기면 조금은 수월하지 않을까. 이전의 양육 방식에서 가지치기가 필요한 때였다. 남길 것은 남기고 잘라낼 것은 잘라내기로 했다. 양육의 미니멀리즘이었다.

줄여야 할 것은 많았다. 아이가 참견이나 간섭으로 느끼는 필요 이상의 관심, 일어나지도 않은 일을 미리부터 걱정하는 지나친 불안, 아이는 욕심내지 않는데 나만 관심 있는 아이의 공부. 잘라내더라도 끝까지 놓을 수 없는 중요한 것은 무엇일까. 사춘기가 끝나고 성인이 됐을 때 우리는 어떤 모습으로 남고 싶을까. 가장 중요한 것은 관계였다. 엄마와 딸이라는 관계. 사춘기가 지나고도 좋은 관계로 남고 싶었다. 아이를 대하는 말과 행동의 목적에 그것을 최우선에 놓았다.

그러고 나니 아이가 조금씩 다시 보이기 시작했고 아이를 대하는 나의 태도도 천천히 달라지기 시작했다. 내가 아이의 모든 것을 결정하려 들지 않았다. 많은 부분에서 아이 스스로 결정하고 책임지게 했다. 그러자 아이는 자신의 인생에 집착하기 시작했다. 인생의 주도권을 아이에게 서서히 넘겨주니 아이는 스스로 자신의 미래를 그리기 시작했다.

양육의 미니멀리즘은 하루아침에 되지도 않았고 결코 쉬운 일도 아니었다. 사리탑을 지을 만큼 고행이었다. 시간이 걸리고 힘들긴 했어도 아이들을 위해서나 나를 위해서도 결국엔 잘한 선택이었다. 양육의 많은 부분을 가지치기하지 않았다면 아이도 괴로웠을 테고 나는 지금까지도 안달하고 집착하고 불안에 떨며 지내고 있을 것이다.

　자녀의 사춘기가 부모에게 천국일 리는 없다. 그렇다고 지옥이 될 필요는 없으며 그렇게 되어서도 안 된다. 정말 필요한 최소한의 것만 남기는 양육 방식으로 바꾸니 적어도 천국은 아니었지만 지옥도 아니었다.

말 잘 듣는 아이는 어디로 갔을까

어느 날 지인이 볼일이 있어서 퇴근 시간을 앞당겨 집에 간 적이 있다고 한다. 집에 도착해 현관문을 여니 신발이 여러 켤레 놓여 있었다. 중학생 아들이 학교가 끝나고 돌아올 시간이라서 친구들이 놀러 왔나 보다 하며 아들의 방문을 열었다. 그런데 방 안은 온통 담배 연기로 가득했고 아들과 친구 여럿이 둘러앉아 담배를 피우고 있었다고 한다. 엄마의 퇴근 시간은 멀었다고 생각한 아들이 친구들을 데리고 와서 자유시간을 만끽했던 거다.

지인은 큰 충격을 받았다. 엄마가 퇴근할 때까지 비는 시간을 아들이 그렇게 활용할 거라고는 상상도 하지 않았기 때문이다. 큰 말썽 없이 학교에 잘 다닌다고만 여겼는데 과연 엄마 노릇을 잘했는지 깊은 회의감이 몰려왔다고 한다. 얼마 후 지인은 고민 끝에 사표를 내고 사춘기 아들 옆에 있기로 했다.

많은 부모가 내 자식을 다 안다고 생각하지만 그렇지도 않다. 아동기에는 생활반경이 부모의 눈을 크게 벗어나지 않는다. 어릴 때는 캐묻지 않아도 밖에서 있었던 일을 미주알고주알 보고하기 때문에 아이의 생활을 거울 들여다보듯 알 수 있었다. 달라지는 건 사춘기가 되면서부터다. 무표정에 말수가 줄고 방문을 굳게 닫는다. 먼저 와서 말을 할 때는 용돈이 필요하다든가, 본인이 아쉬울 때뿐이다. 내가 알던 그 아이가 맞나 싶어진다.

6학년을 담임할 때였는데 그 해 아이들은 처음 만났을 때부터 유난히 욕의 수위가 높았다. 저학년 때 그 아이들을 가르쳤던 선생님께 들으니 이미 어릴 때부터 입에 밴 습관이었다. 교실이 거의 욕쟁이 할머니 식당 수준이었으니 그대로 두고 볼 수가 없었다. 교과서 진도를 못 나가는 한이 있더라도 꼭 가르쳐야 할 중요한 문제였다.

지도 자료를 만들어서 바른 언어 사용이 왜 중요한지 이야기를 나눴다. 내가 목에 핏대를 올리며 얘기해도 애들은 '뭐 저렇게까지 발끈할 필요가 있나'하는 듯 무덤덤한 표정이었다. '욕을 사용해도 좋을까?'라는 주제로 토론을 하면 토론과정에서는 욕의 단점을 발표하면서도 결국엔 욕을 하면 친구와 더 친밀해지고 속이 후련하다는 식으로 결론을 냈다. 아이들은 머리로는 알겠는데 실천은 못 하겠다는 듯이, 교육 따로, 일상 따로였다. 지도 하고 나서 그나마 달라진 점은 내 눈치를 보며 내 귀에는 들리지 않게 욕을 한다는 점이었다.

우려가 현실이 된다고, 어느 날 체육 시간에 일은 벌어졌다. 경기를 하던 중에 흥분했는지 체육 선생님 앞에서 차마 입에 담지도 못할 욕지거리를 주고받았다. 체육 담당 선생님은 교직 경력 이십 년이 넘는 동안 애들 입에서 이런 욕은 처음 들어본다며 담임인 나를 직접 찾아와서 지도를 부탁했다. 담임에게 반 아이들이란 내 자식이나 마찬가지이기 때문에 내가 다 민망하고 부끄러웠다. 하지만 나로서도 뾰족한 수가 없었다. 가장 심각했던 아이의 학부모 상담을 하면서 어머니께 자초지종을 설명했더니 전혀 몰랐다며 놀라는 반응이었다.

엄마가 모르고 있는 것이 놀랍지 않았다. 아이들은 집에서는 욕을 안 하니까. 부모가 모르는 것은 당연하다. 하교 시간에 교문을 우르르 빠져나오는 교복을 입은 아이들이 욕을 연발한다. 그런 아이들도 집에 가면 조개처럼 입을 다문다. 부모에게 혼날 게 뻔한데 아이들이 욕을 할까. 거리에 다니는 아이들은 다 욕해도 내 아이만은 하지 않겠지 한다. 아니, 그렇게 믿고 싶고 그러기를 바란다. 물론 욕을 전혀 하지 않는 아이도 드문드문 있기는 하다.

상담했던 어머니에게 다행이라고 했다. 아이가 집에서 욕을 안 한다면 스스로 욕을 의식해서 조절할 줄 안다는 의미니까 말이다. 친한 친구끼리만 있는 자리라면 문젯거리가 되지는 않는다. 문제는 수업 시간에 선생님 앞에서 대놓고 큰소리로 주고받았다는 것이다. 교사에 대한 무시이기도 하고, 길거리가 아니라 수업 시간에 큰소리로 하는 욕을 들은 이상 교사 입장에서 그냥 넘어갈 수 없는 일이다. 여하튼 그 후로는 졸업할 때까지 내 귀에 들린 욕은 거의 없었다.

아이들에게 물은 적이 있다. 왜 그렇게 욕을 하는지. 아이들 대부분이 친구 사이에 욕을 하면 유대감이 끈끈해지고 친밀감이 생긴다고 했다. 교사 입장에서는 학생의 올바른 언어생생활을 지도해야 하지만, 나 역시 욕이 가진 매력, 찰진 욕을 내뱉었을 때의 후련함을 모르는 바가 아니다. 사춘기 아이들에게 욕은 지나가는 과정일지도 모른다. 이맘때는 상대에 따라 조절할 줄만 알아도 다행이지 않을까.

요즘은 자녀의 나이 앞자리가 1로 바뀌는 십 대가 되면 사춘기라고 봐야 한다. 그때가 되면 전에 알던 그 아이에게는 작별을 고해야 한다. 아이는 호르몬이 부리는 마법에 걸린다. 아침에는 분명히 기분 좋게 나갔던 아이가 무슨 일인지 저녁에는 골이 난 듯 불어 터져서 들어온다. 말수가 줄거나 말투도 틱틱거리듯 퉁

명스러워질 수 있다. 24시간 개방돼있던 방문이 닫히고 방문 앞에 '노크하시오'나 '관계자 외 출입 금지'라는 푯말이 내걸린다. 부모는 이제 관계자가 아니며 면회 신청을 해야 겨우 얼굴을 볼 수 있다. 참다못해 무슨 말이라도 할라치면 "내가 알아서 할게."라면서 더 이상 할 말이 없게 만든다.

친구와의 통화를 엿들었는데 얼핏 된소리가 들릴지도 모른다. 몸은 안 씻어서 냄새가 풀풀 나면서도 무슨 옷을 입을까 고르거나 화장에 열을 올리기도 한다. 향이 진하다는 디퓨저를 방 한구석에 놓아두어도 당최 호르몬 냄새를 이기지 못한다. 내 경험으로는 사춘기 호르몬 냄새를 잡을 수 있는 디퓨저를 아직 발견하지 못했다.

집에서는 조개처럼 입을 다물고 귀를 틀어막았지만, 친구를 대하는 아이의 태도는 180도 다르다. 목소리부터 표정, 엄마 말에는 꿈쩍도 안 하던 녀석이 친구 호출이 떨어지자마자 튀어 나가는 속도로 봐서는 절대로 나무늘보가 아니다. 그런데 그게 또 당연하다. 만약에 사춘기 자녀가 친구를 안 만나고 부모에게서 떨어지려고 하지 않는다면 아이에게 어떤 문제가 있는지 살펴야 한다. 부모에게서 급격하게 멀어지고 친구의 평판이 중요해지며 친구라면 죽고 못 사는 때가 사춘기다.

군이 공부가 아니어도 아이가 좋아하고 소질을 보이는 분야가 있다면 지원해줄 의향은 있는데, 허구한 날 핸드폰을 하거나 게임에만 빠져 사는 꼴이 한심해 보일 수도 있다. 하지만 아이는 자기 소질이나 적성을 아직 찾지 못했거나, 찾았어도 말해봐야 좋은 소리 못 들을 것 같아서 아예 말을 안 하기도 한다. 아이는 지금까지의 경험으로 부모가 어디까지 받아주는지 이미 알고 있다. 말해봤자 들어야 할 잔소리만 늘어날 뿐이라고 생각할지도 모른다. 받아들여지지 않을 것 같으면 입도 뻥긋하지 않는 편이 낫다며 말하기를 포기하기도 한다.

가끔은 내가 알던 자식이 아닌 것처럼 보이는 아이에게 "넌 대체 누구냐?" 하며 묻고 싶을 때도 있다. 더 이상 속이 빤히 들여다보이던 맑은 아이가 아니다. 속을 알고 싶어도 아이는 부모에 대한 방어막을 치고 무표정으로 일관한다. 무표정이면 다행이다. 예쁘고 동그랗던 눈이 이상한 뱁새 눈으로 변해서 사춘기가 끝날 때까지 지켜봐야 할 수도 있다. 천진난만하던 방은 시커먼 두더지 동굴이 된다. 배고프면 활동을 시작하니 식사 때나 겨우 얼굴 구경이나 해볼까. 어떤 면으로는 퇴행하는 듯이 보이기도 한다.

대략 이맘때부터 부모는 자식의 속을 알기 어렵다. 아이가 부모 앞에서 드러내는 모습만 보고 아이를 안다고 착각한다. 열 살 이전의 아이로만 생각하고 내 아이는 절대로 그럴 리가 없다고 생각해서는 안 된다. 아이를 무조건 의심하라는 뜻이 아니다. 아이는 달라졌는데 여전히 전의 그 아이로만 생각한다면 사춘기 양육은 힘들어진다. 그렇다고 일시적인 돌발행동만으로 아이를 부정적으로 판단하는 것도 섣부르다. 아이에게 예전의 아이로 돌아오라는 요구는 더 이상 먹혀들지 않는다. 달라지는 아이를 인정하고 받아들여야 한다.

'달라졌다'라는 말은 왠지 정상인 아이가 이상하게 변했다는 뉘앙스로 들린다. 갑작스레 달라진 모습이 당황스러울 수 있지만 아이는 지극히 정상적으로 성장하는 중이다. 아이의 지금 모습이 어른이 돼서도 지속될까 걱정할 필요는 없다. 아이는 가족을 벗어나 더 넓은 관계로 뻗어가는 중이며 성인이 되면서 자연스럽게 사회적 관계망으로 확장된다.

나의 부모님은 내 진짜 모습을 과연 얼마나 알고 계실까. 반대로 나는 나의 부모님을 얼마나 알고 있을까. 아무리 가까운 가족이라고 해도 진짜 속을 깊이 알기는 어렵다. 우리가 어떤 사람에 대해 안다고 말하지만, 그 사람이 나에게 보여주는 모습만 알 수 있을 뿐이다. 마찬가지로 내 자식이라고 해도, 특히 사춘기가 시작된 자녀에 대해 '너의 모든 것을 다 알고야 말겠어.'

할 필요는 없다. 이제는 내 자식이 나에게 보여주는 모습까지만 알면 된다.

아이가 다 알려주지 않는다고 섭섭해할 일도 아니다. 사춘기 아이라면 자연스레 비밀을 갖고 싶어 한다. 세세하게 모든 일을 다 알아야 할 때는 지났다. 치명적인 일이 아니라면 알아도 모른 척해주는 편이 나을 때가 있다. 아이조차도 아직은 자신의 진짜 모습을 알지 못한다. 지금 아이는 자신을 찾는 과정에 있기 때문이다. 부모는 인내심을 갖고 아이가 스스로 방문을 열고 나올 때까지 기다려주면 된다.

사춘기 신호는 어떻게 알 수 있을까

흔히 사춘기는 신체적 특징이 보이면 그때부터 시작된다고 생각하기 쉽지만 신체적 특징이 나타날 때쯤이면 한창 사춘기의 정점이라고 보는 편이 낫다. 사춘기는 신체적 변화가 나타나기 몇 년 전부터 정서적, 사회적, 인지적 변화로 먼저 나타나는 경향이 있다. 첫 걸음마가 모두 다르듯이 아이들마다 차이가 있지만 대체로 열 살이 넘어가면서 서서히 변화가 느껴지기 시작한다.

모든 아이에게 이러한 특징이 동시에 한꺼번에 나타나는 것이 아니다. 옆집 아이에게 빨리, 강하게 보이는 특징이 내 아이에게는 뒤늦게 나타나거나 약하게 지나가기도 한다. 아이들마다 매우 개별적이라서 특징이 나타나는 시기와 강도의 차이는 각기 고유하다.

한두번 어떤 특징이 보인다고 해서 내 아이가 사춘기라고 단정 지을 필요는 없다. 사춘기의 시작에서는 몇 가지 특징이 간헐적으로 보이다가 사춘기가 고조되는 즈음에는 대체로 모든(정서적, 사회적, 인지적, 신체적) 면에서 특징을 보인다.

언제쯤 끝나는지 궁금하지만 10대 중후반에 정점을 찍고 나면 그 후로 조금씩 강도가 약해지면서 사춘기가 저물어간다. 빠르면 10대 후반에 끝날 수도 있지만 늦으면 20대가 넘어서까지도 이어지기도 한다. 만약 어른이 돼서도 이러한 성향을 보인다면 그 사람이 가진 고유한 기질이라고 인정해줘야 하지 않을까.

♥ **정서적 특징**

감정 기복: 사소한 일에도 크게 반응하며 감정 변화가 빠르고 예민해진다.

자아 정체성 혼란: 자신에 대한 고민이 많아지고 정체성에 대해 혼란을 느끼며, 자신만의 개성을 찾으려 한다.

독립성 추구: 부모나 권위 있는 사람의 간섭에 반항하며 독립적 결정을 내리려고 한다.

또래 관계 중요성: 친구와의 관계가 중요한 시기로, 또래 집단의 인정을 받기 위해 행동을 바꾸기도 한다.

감정적 고립감: 자신이 이해받지 못한다고 느끼며 외로움이나 소외감을 느낄 수 있다. 부모나 어른들에게 속마음을 털어놓기 어려워하면서도 공감이나 이해받고 싶은 욕구는 커진다.

♥ **사회적 특징**

또래 관계 중시: 친구들과의 유대가 가족보다 중요해지고, 또래 집단의 영향을 많이 받는다.

독립성 추구: 부모의 간섭을 거부하며 가족으로부터 독립을 강하게 원하고 모든 것을 스스로 해결하려는 경향이 강해

진다.

이성에 대한 관심: 이성 친구 관계에 대한 탐색이 시작되며 성별에 대한 의식이 강해진다. 이성과의 관계에서 자신의 정체성을 찾으려는 경향이 나타나기도 한다.

사회적 역할 탐색: 진로와 직업에 대한 관심이 높아지며 자신의 사회적 위치와 역할에 대한 고민과 관심이 증가한다.

권위에 대한 도전: 부모나 교사와 같은 권위적 인물에 대한 도전과 반항심이 생겨나고 규칙을 시험하거나 어기면서 자율성과 독립성을 확인하려 한다.

♥ **인지적 특징**

추상적 사고 능력 발달: 논리적이고 추상적인 사고가 가능해지며, 사회적 이슈나 철학적 주제에 대해 관심을 갖기 시작한다.

자기중심적 사고: 자신의 생각과 감정을 타인도 똑같이 느끼리라 생각하는 경향이 있다.

미래에 대한 고민: 직업, 진로, 성적에 대한 고민이 커지고, 장기적인 목표 설정 능력이 생긴다.

도덕적 판단의 발달: 옳고 그름에 대한 판단이 발달하며, 자신의 가치관을 세우고 이를 바탕으로 행동하려고 한다.

학습에 대한 흥미 변동: 학교 공부에 대한 집중력이나 흥미가 저하되거나, 반대로 특정 분야에 깊이 몰입하는 경향을 보일 수도 있다.

♥ 신체적 특징

급격한 신체 성장: 키와 체중이 빠르게 증가한다. 남아는 어깨가 넓어지고 여아는 가슴이 발달하고 엉덩이가 커지는 등의 변화를 보인다. 자신의 신체 변화에 대한 호기심과 불안감이 동반된다.

2차 성징 발달: 성호르몬 분비로 남아는 목소리가 변하고 여아는 생리 시작 등 성적 성숙이 일어난다.

신체 이미지에 대한 민감성: 외모, 피부에 민감해지며 외모에 대한 불안감이 증가하기도 한다. 사춘기 동안 일어나는 몸의 변화를 불편해하거나 민감하게 반응한다.

수면 및 식욕 변화: 성장 호르몬 분비로 인해 더 많은 수면이 필요하며 식욕이 증가할 수 있다.

뜨거운 사춘기 자녀에겐
냉정과 열정 사이의 부모가 필요하다

 사춘기는 자아가 정체성을 찾아가는 시기이지만, 그 과정이 순탄하지만은 않다. 어느 시인의 말대로 흔들리지 않고 피는 꽃이 어디 있으며, 젖지 않고 피는 꽃이 어디 있을까. 아이는 심리적으로 불안정한 시기를 맞으면서 이전에는 보이지 않던 말이나 행동을 불쑥불쑥하거나 잘해오던 기본생활 습관이 무너지는 모습을 보이기도 한다. 나 역시 그럴 때는 아이의 시간이 거꾸로 가는 듯이 느껴지기도 했다.

 지금은 없어졌지만 한때 〈화성인 바이러스〉라는 프로그램이 화제였던 적이 있다. 비슷한 프로그램으로 〈세상에 이런 일이〉가 있는데, 그와는 비교도 안 되는 수준으로 혀를 내두르게 만드는 출연자가 등장한다. 아직도 기억나는 출연자 중에는 쓰레기가 쌓여 있는 집에서 혼자 사는 성인 여성이 있었다. 현관 입구부터 집 전체에 먹다 버린 사발면 그릇, 과자 봉지 등 온갖 쓰레기들이 산 무더기처럼 쌓여있었다. 다 치우고 보니 트럭으로 몇 대가 나올 정도였다. 그 방송을 보면서 내 딸이 나중에 저런 프로그램에 출연하면 어쩌나 하는 걱정이 스쳐 지나가기도 했다.

딸의 사춘기 시절에 부딪혔던 문제 중 한 가지는 방이었다. 어느 날부터인가 방바닥에는 입다 벗은 옷 무더기가 산을 이루고, 교과서와 공책들은 책가방에서 튀어나와 나뒹굴었다. 아이는 어디에 뭐가 있는지 모를 정도로 어수선한 책상을 피해 침대 귀퉁이에 쪼그려 앉아서 폰을 하곤 했다. 가끔 숙제하는 모습을 보면 온갖 물건들이 너저분한 책상을 피해 방바닥에 퍼질러 앉아서 침대를 책상 삼아 끄적거리고 있었다. 자기 방에서 물건을 잃어버리고 못 찾는 일이 일쑤였고 세탁하고 개킨 옷을 방에 넣어주면 다음에 그 옷을 입을 때까지 한쪽으로 밀어놓았다.

아이가 큰맘 먹고 방 정리를 해도 그때뿐이었다. 하루를 못 가고 다시 이전으로 돌아갔다. 아이는 "난 이래야 마음이 편안해.", "어디에 뭐가 있는지 난 다 알아." 하며 평화로운 얼굴이었다. 아이 방을 쳐다보지 않으려고 노력했지만, 두꺼비집 전원 내리듯 신경을 완전히 꺼버릴 수도 없었다. 혹시라도 깔끔하게 정리된 방을 보면 달라질까 싶어서 아이가 없는 틈에 우렁각시가 다녀간 듯 깨끗이 청소해주었지만 단 이틀을 못 가고 이내 원위치로 돌려놔서 맥이 빠졌다.

 나 빼고 다른 가족은 거의 신경 쓰지 않았다. 남편도 가끔 열어보는 딸 방에 놀라기는 했지만, 자주 있는 일은 아니었다. 정리에 대한 강박은 나만의 문제였고 나만 불편했다. 내가 나서서 치워주면 나의 강박은 해결되지만, 다 큰 아이의 방을 대신 치워준다는 것이 내키지도 않았고 좋은 해결 방법은 아니라는 생각이었다. 평생 아이 뒤꽁무니만 쫓아다니면서 청소해 줄 수는 없는 일이 아닌가. 정리 정돈을 잘하는 아이로 만들고 싶은 나의 강박과 아이와 좋은 관계를 유지하고 싶다는 관계적 욕망이 부딪히고 있었다.

 아무도 불편하지 않은데 왜 나만 방 정리에 이토록 집착하는 것일까. 가만 생각해보니 직업적 특성도 한몫하는 것 같았다. 타고난 기질에 더해 학교에서 아이들을 지도하면서 정리를 강조하다 보니 정리 강박이 더욱 강화됐다. 내 강박을 못 이기고 가족에게까지 강요하는 내가 보였다. 학생들이야 선생님 말이니 대체로 군소리 없이 따르지만 가족은 내 반 학생이 아니니 어디 그럴까. 나와 다른 성향의 가족에 대한 이해가 없다면 가정의 평화는커녕 내 마음의 평화도 기대할 수 없겠구나 싶었다.

이런 문제는 결혼하고 나서 남편과의 사이에서도 느꼈다. 연애할 때만 해도 성향이 잘 맞는다고 느꼈던 남편은, 실제로는 나와 너무도 다른 사람이었다. 사소한 생활 습관부터 문제를 해결하는 방식까지 달라도 너무 달랐다. 정말이지 다른 행성에서 온 외계인 같았다. 하지만 조금만 관점을 달리하면 남편은 달라진 것이 아니라 원래부터 그런 사람이었다. 나 혼자서 이상적인 남편상을 그려 틀에 넣어 놓고 틀에서 벗어난 모습을 보이면 실망했던 것이다. 그 이상적인 그림은 남편이 나에게 심어준 것이 아닌 순전히 스스로 상상하고 만들어낸 허상이었으며, 혼자 기대하고 혼자 실망하는 패턴을 반복하고 있다는 사실을 깨달았다.

딸의 사춘기를 바라보는 내 모습도 그와 비슷했다. 내가 상상하고 기대하는 딸의 모습을 미리 만들어놓고 그 틀에서 벗어나는 모습을 보이면 아이에 대한 기대가 무너지며 실망하고 있었다. 허깨비와 같은 이상적인 딸의 모습을 혼자서 그리고 있었던 것이다.

세상 일이 대부분 그렇듯 내 마음대로 되는 일보다 안 되는 일이 훨씬 더 많다. 순수하게 나의 노력만으로 되는 일은 사실 얼마 되지 않는다. 죽기 살기로 살을 빼는 것이나 공부는 노력으로 되지 않을까 싶지만, 그조차 마음먹은 대로 되지 않는 게 현실이다. 노력을 아무리 들이부어도 신이 원망스러울 정도로 노력과는 별개의 일이 벌어질 때가 있다.

  나 자신의 일조차 내 맘대로 되지 않는데 하물며 타인이야 말해 뭐할까. 학교에서 가르치는 아이들, 남편, 내 자녀 모두 내가 생각하는 이상향을 따라야 한다는 생각이 얼마나 잘못된 것인지 깨달았다. 내 생각이 모두 옳고 바른 것이 아니며 아무리 가족이라도 각자의 성향을 존중해줘야 했다.

  스스로 만든 틀을 버리기로 마음먹자 조금씩 마음이 편안해지기 시작했다. 하지만 사십 년이나 단단히 자리 잡은 기질이 있는데 그렇게 마음먹는다고 단박에 고쳐질 일은 아니었다. 내 마음에 대한 노력은 다른 누구도 아닌 나만 할 수 있는 일이었다. 시간이 걸리긴 했지만 천천히 조금씩 생각을 바꿔보기로 했다. 더불어 내가 보는 나 자신도 있는 그대로 인정해주기로 했다. 나 자신에게 내가 할 수 있는 한계를 넘어선 강요나 압박을 하지 않기로 했다. 내가 하는 바보 같은 실수나 실패를 허용하고 나 자신에게 지나치게 엄한 잣대를 들이대지 않고 포용하기 시작하니 저절로 다른 사람도 그렇게 보이기 시작했다. 남편이나 아이들도 그런 눈으로 바라볼 수 있었고 좀 더 넓어진 마음으로 있는 그대로 인정해줄 수 있었다. 달라지기 시작한 포인트는 그때부터였던 것 같다. 나 자신을 바라보는 관점을 바꾼 이후, 나를 너그럽게 바라보듯 다른 이들을 볼 수 있었다.

아이의 방 문제도 나만 눈을 감고 귀를 막고 입을 닫으면 평화가 유지됐다. 방 정리로 아이에게 잔소리를 하느니 힘들더라도 내 강박을 조절하기로 했다. 아이의 성향이 나와 다름을 인정하고 쿨한 척이라도 해보자고 마음먹었다. 대면해야 할 일이 있으면 방문을 노크하고 면접 요청을 해서 거실에서 만났다. 빨래를 개키면 문을 빼꼼히 열어 고개를 돌려 방 안은 들여다 보지 않고 빨래한 것만 넣어주었다. 아이 방에서 무슨 일이 벌어지는지 몰라도 지저분하게 산다고 큰일이 생기는 것도 아니었다. 그러고 나니 아이도 나도 평화로워졌다.

퉁명스러운 말투로 일관하거나 말만 앞서고 행동은 하지 않는 사춘기 자녀에게 온도 조절을 하기란 쉽지 않다. 사춘기의 열기로 뜨거운 아이와 나의 뜨거운 감정이 충돌하면 불이 나게 마련이다. 눈으로 보기 전에는 진정해야지 싶다가도 막상 현실을 마주했을 때 욱하고 치미는 감정을 조절하기란 수양에 가까운 일이다. 몇 번의 뜨거운 전쟁을 치르고 나서야 아이가 뜨거울 때니 나라도 차가운 이성으로 대응하는 게 낫겠다고 생각했다.

감정형 뇌가 날뛰는 사춘기 아이에게 '그래 어디 사춘기가 이기나, 갱년기가 이기나 해보자' 하며 자녀와 똑같이 응수하려다 가는 매일 전쟁통에 살 수도 있다. 자녀가 사춘기를 통과할 때라면 부모는 이성의 안테나를 한껏 높이고 쿨한 편이 낫다. 냉정하고 차가운 쿨이 아니라 현명한 대응으로서의 쿨함이다. 감정의 열기를 차가운 이성으로 누그러뜨리고 사춘기 아이를 대하는 것이 어른의 자세가 아닐까.

물론 모든 일에 쿨할 수는 없다. 인간으로서 가장 기본적인 도리를 지키지 않을 때는 아무리 사춘기 대마왕이라도 넘어가지 않았다. 그때는 아이에게 말하는 태도에서 쿨함을 유지하려고 했다. 낮은 목소리로 짧고 굵게, 임팩트있게 지적하는 것이다. 사춘기 아이들은 말이 길어지면 귀를 닫아버린다. 아무리 좋은 말도 잔소리로 치부된다. 특히 남자아이들에게 길게 말하면 포인트가 무엇인지 알아듣지 못한다. 하고 싶은 말은 핵심만 간단하게 말해야 효과적이다.

사춘기 아이들은 부모가 뜨겁게 대하면 부담스러워한다. 그렇다고 냉정하게 대하면 비빌 언덕이 없다며 외로움에 울부짖을 것이다. 사춘기 자녀를 대하는 적정 온도는 미지근한 정도다. 쿨하지 못하다면 쿨한 척이라도 해보자. 그러다 보면 진짜 쿨내가 진동하는 날이 올지도 모른다.

사춘기 자녀와도 밀당이 필요하다

밀당을 잘해야 연애를 잘한다고 한다. 사랑하는데 굳이 밀당을 해야 할까 싶기도 하지만 아무리 죽고 못 사는 사이라도 한쪽은 일방적으로 주기만 하고 상대는 받기만 하는 관계는 오래가지 못한다. 주는 쪽은 아무 바람 없이, 주고 싶어서 주는 거라고 말하지만 주다 지치면 본전 생각이 나게 마련이다. 받는쪽도 일방적으로 받기만 하면 어느새 관계는 고착되고 퍼주기만 하는 상대가 그리 매력적으로 보이지 않는다. 연애가 아니더라도 인간관계에는 어느 정도의 밀당이 필요한 순간이 있다.

작은애(아들)는 어릴 때부터 아침에 등을 살살 문질러주면 기분 좋게 일어났다. 중학교 1학년까지 가끔 내가 볼 뽀뽀를 해도 싫어하지 않았다. 그런 아이가 중학교 1학년이 끝나갈 즈음부터 엄마의 스킨십이 싫은 티를 노골적으로 내기 시작했다. 언젠가는 이런 날이 올 줄은 알았지만, 막상 닥치니 서운했다. 실은, 아이에게 서운한 마음보다 알콩달콩 깨가 쏟아지던 날이 다시는 오지 않을 거라는 아쉬움이 더 컸다. 나만 혼자 좋아하고 싫다는 아이를 억지로 쫓아다니는 스토커라도 된 기분이었다.

부모의 사랑은 연애와는 다르게 한쪽이 일방적으로 희생하고 더 많이 사랑하는 짝사랑에 가깝다. 부모는 자녀에게 되돌려받을 것을 계산하지 않고 준다. 거기에는 어떤 이해타산도 채권자가 가진 차용증도 없다. 아이도 부모에게 받은 사랑을 반드시 되갚아야 하는 채무자가 아니다.

잘 자라는 아이를 바라보기만 해도 부모는 가슴이 꽉 차오른다. 그런데 아이가 사춘기가 되면서 브레이크가 걸리기 시작한다. 부모는 여전히 뜨거운 마음으로 사랑하지만, 아이의 마음은 식은 듯 냉랭해져서 서운하다. 부모 마음을 몰라주는 아이가 야속하다. 어릴 때 그 예쁜 아이는 감쪽같이 사라지고 다른 사람이 된 것만 같다. 아이의 투박한 말이나 행동에 속이 상하고 상처 받는다. 내 자식이지만 가끔은 미워 보이기도 한다.

사랑하지 않으면 밉지도 않다. 애정이 있으니 미워지기도 하는 거라며 미움에는 애정도 있다고 말한다. 아무 관심이 없으면 밉지도 않으니 맞는 말처럼 들린다. 그렇다고 아이에 대한 미움을 정당화할 수는 없다. 미움도 사랑이라면서 사춘기 내내 아이를 미워할 수만은 없지 않나. 올바른 사랑이란 따뜻하고 부드럽고 상냥하다. 애증이라고도 하지만 애증은 사랑의 비뚤어진 감정이다. 그렇다면 사춘기 자녀에게 표현하는 사랑에는 어느 정도의 전략이 필요하다.

　어릴 때부터 살가웠던 작은애가 갑자기 방문을 닫고 말수가 줄어들기 시작했다. 나도 말수를 줄였다. 누가 봤다면 엄마도 사춘기인가 했을 수도 있다. 그렇게 며칠 지나면 작은애는 슬그머니 내 옆에 와서 말을 붙이곤 했다. 친구 얘기를 늘어놓거나 자기로서는 이해가 안된다며 학교에서 있었던 썰을 풀고는 했다.
　시답잖고 실없는 소리가 얼마나 많던지. 그래도 들어주며 적당한 타이밍에 "진짜?", "대박." 하며 영혼을 담되 오버하지 않으면서 호응했다. 아이들은 특유의 촉으로 영혼 없이 과장된 반응을 단박에 알아채기 때문이다. 가끔 박장대소를 하거나 아이 의견에 동조하며 편을 들어주기도 했다. 코멘트는 하지 않았다. 섣부른 코멘트를 하는 순간 꼰대력이 발휘될지도 모르니까.
　그러고 나면 다시 한동안 입을 다문 조개가 됐다가, 마음이 내키면 먼저 다가와서 하고 싶은 말을 했다. 나는 "밥 먹어." 같이 생존에 필요한 말만 하려고 노력했다. 아이 사춘기인지, 아이 시집살이를 하는지 가끔 구분이 안되기도 했다. 만약 내가 먼저 바짝 붙어서 아이에게 학교생활을 꼬치꼬치 캐물었다면 아이는 방문뿐만이 아니라 입까지 꾹 닫아버릴 것이니 어쩔 수 없었다.

먼저 안달하지 않고 제자리에서 기다리기. 연애할 때 밀당의 기술이란 게 이런 건가 싶었다. 내가 먼저 관심을 보이고 집착하고 다가가면 상대는 멀어지려고 한다. 반면 말없이 연락이 뜸하면 상대는 궁금해진다. 까칠하고 도도한 사춘기 자녀를 대할 때, 연애하는 심정으로 상대의 애가 타게 만드는 것이 어쩌면 적당한 포지션이 아닌가 싶었다. 연애할 때 상대방의 말 한마디, 행동 하나하나에 촉을 세우고 예민하게 반응하면 언제 떨어질지 모르는 외줄 타기처럼 마음이 늘 불안하다. 안달복달해서 내가 먼저 궁금해하고 두들겨대면 상대는 질려서 멀리 달아나려고 할 것이다.

평상시에는 내 생활에 충실하게 살다가 데이트를 하면 상대에게 최선을 다해 집중하는 것이 건강한 연애다. 마찬가지로 사춘기 자녀가 다가오지 않으면 나도 내 일에 집중하다가 아이가 다가와서 이야기하면 온 마음으로 영혼까지 끌어모아 진심으로 들어주는 것이다. 연애학 개론까지 들먹이며 자식을 전략적으로 대해야 하나 싶지만, 사춘기이기 때문에 전략적으로 대해야 한다.

연애도 그렇지만 밀당은 타이밍이 중요하다. 밀어붙여야 할 때와 끌어당겨야 할 때를 잘 포착해야 한다. 아이의 표정이나 말투에서 느껴지는 상황은 때마다 다르다. 자녀에게 관심을 놓지 않는다면 충분히 포착할 수 있다. 아이가 지금 혼자만의 시간을 갖고 싶은지, 부모에게 하고 싶은 말이 있는지 엄마는 느낄 수 있다. 아이가 다가오면 바싹 당겨 앉아 진심으로 경청하고, 멀어지려고 하면 아이의 시간과 공간을 인정해줘야 한다.

이맘때 아이들은 대수롭지 않다는 듯 아무렇지도 않게 황당한 말이나 행동을 할 때가 있다. '이렇게 해도 나를 사랑하나요?' 하는 듯, 자신의 말과 행동에 대한 부모의 반응을 살피며 부모가 아직도 나를 사랑하는지 확인하고 싶어 한다. 그때마다 용수철 튀어 오르듯 예민하게 발끈하면 성질만 부리는 모양새가 된다. 한 템포 느리게 반응해야 한다. 감정적 반응의 속도를 늦추고 이성적 사고 회로를 돌리는 시간을 벌어야 한다. 속으로는 화들짝 놀랐더라도 최대한 포커페이스를 유지하고 무심한 듯 시크하게 동요하지 않는다.

때에 따라서는 크게 대수롭지 않은 일이라면 반응하지 않는 것도 좋다. 약간의 연기도 필요하다. '엄마의 그릇이 이렇게 크단다' 하는 심정으로 대범한 척 말하고 행동한다. 자녀가 어릴 때와 달라진 모습을 보인다고 해도 영원히 그렇게 살지는 않을 것이라는 믿음, 자녀가 성장하는 과정을 기다려줄 수 있다는 스스로에 대한 믿음, 이것만을 붙들고 가야 한다. 부모의 자리에서 든든한 백그라운드로 버티고 있으면 자녀는 심리적 안정감을 느끼고 부모를 신뢰한다.

다만 지금 당장 꼭 짚고 넘어가야 할 만큼 중요한 일이라면 얘기가 다르다. 사람의 도리에서 크게 벗어나는 일이라면 즉시 반응이 필요하다. 하지만 큰 틀에서 벗어나지 않는다면 때로는 못 본 척 눈감아주고 못 들은 척 귀 닫아주기도 한다. 입술이 달싹거려도 혀를 깨물고 말을 삼키는 것이 나을 때도 있다. 전략적이고도 배려 있는 무관심이라면 적당하지 않을까.

정리하자면 부모의 사랑을 있는 그대로 수용하려 들지 않는 사춘기 아이에게 적당한 표현 방법이란 아이의 시간과 공간을 인정하고 물리적 거리를 허용해주는 것이다. 조리개를 열어 너무 멀지도 너무 가깝지도 않게 적당한 거리를 유지하며 원근감을 조절한다. 이전까지는 스스럼없이 스킨십하고 몸과 마음이 밀착될 만큼 가까운 관계였다면 사춘기 이후로는 적당한 거리를 두는 관계가 서로에게 바람직하다. 부모가 바짝 다가가면 아이는 더 멀리 달아나려고 한다. 부모의 자리에서 든든하게 기다려준다면, 부모의 사랑과 관심이 필요해질 때 아이는 다가

올 것이다.

사춘기는 오묘해서 비뚤어지고 싶어진다. 세상을 비판적으로 바라보며 염세주의자가 되기도 했다가 어떤 날은 세상 따뜻한 휴머니스트가 되기도 한다. 우리 모두 그렇게 사춘기를 거쳐서 어른이 된 것이 아닌가. 누구나 그 시간을 지나 성숙한 어른으로 살아가고 있다. 이 사실을 떠올리면 내 아이의 사춘기가 그다지 걱정스럽지 않다. 아이와 밀당하듯 연애하는 심정으로 살다 보면 언제 이렇게 부쩍 자라 성숙해졌나 싶은 날은 분명히 온다.

아이를 잘 안다는 생각은 착각, 이제는 양육의 울타리를 넓혀야 할 때

6학년 교사 전체와 열댓 명의 학부모들이 심각한 얼굴로 모여 앉아있었다. 영어 선생님은 전담실에서 차마 입에 담기도 어려운 낙서를 발견하고는 담임교사들과 모여 회의를 했다. 낙서를 한 아이들은 각반에 골고루 몇 명씩 포진되어있었다.

담임이 지도하는 선에서 마무리할 수도 있었지만 학부모에게도 심각성을 알려야 한다는 교사들의 의견이 많았다. 그래서 모든 학부모를 학교로 호출했고 이런 일이 있었다고 설명했다. 그런 줄은 전혀 몰랐다며 놀라는 부모님이 많았다. 내 자녀가 집 밖에서 어떻게 말하고 행동하는지 부모도 다 알지는 못한다.

학교에서 지도하는 것만으로 나아진다면 더 바랄 나위 없이 좋은 일이지만, 안 좋은 행동이 점점 더 심해지는 아이들의 경우에는 학교와 부모가 마음을 모아 지도할 필요가 있다. 그런데 가끔이지만 자녀의 문제행동을 말하면 곧이곧대로 받아들이지 못하고 곡해하는 부모들이 있다. 교사가 자신의 아이를 부정적인 관점으로 본다고 여기기도 하기 때문이다. 학교에서 이렇다 할 문제를 일으키지 않는 줄로만 알았던 자녀가 어느 날 갑자기 레드카드를 받으면 학부모는 놀라고 당황할 수 있다. 그런 때를 대비해 학교에서 발견되는 소소한 문제행동을 학부모에게 알려 미리부터 경각심을 느끼게 하는 것도 지도의 한 방편이라는 생각이 들었다.

"애가 어릴 때는 안 그랬는데, 너무 많이 달라졌어요."
 고학년을 담임하면서 엄마들과 상담할 때 가장 많이 듣는 말이다. 나는 어떤 점이 달라졌냐고 묻는다. 그러면 많은 엄마들은 말한다.

"작년에 친구를 잘못 만나서 ······. 방에서 뭘 하는지 방문을 닫고 나오지도 않고 반항이 엄청나게 늘었어요."
 사춘기가 되면서 갑자기 달라진 아이 모습에 당황스러워서 지금의 아이 모습을 인정하지 못할 수 있다. 그런데 정말 친구를 잘못 만났을까. 꽤 다수의 엄마가 내 아이에게는 문제가 없는데 나쁜 친구를 만나 물이 들었다고 여긴다. 물론 그런 아이들도 있기는 하지만 그 아이를 지켜봤던 교사 눈에는 보인다. 하지만 엄마에게 '당신의 아이에게도 그런 성향이 있는 걸 모르시는군

요'라는 말을 할 수 있는 교사는 없다.

아이들도 유유상종을 크게 벗어나지 않는다. 삼삼오오 무리 지어 노는 아이들을 보면 대체로 비슷한 성향이다. 아이들도 같이 놀다가 정말 나와 맞지 않는다 싶으면 자연스럽게 어울리지 않는다. 같은 반인데도 코드가 맞지 않는 친구와는 일 년이 다 가도록 말 한마디 섞지 않는 아이들을 보는 것은 어려운 일이 아니다.

부모 눈에 탐탁지 않아 보이는 친구와 어울린다면, 내 자녀가 물들어서일 수도 있지만 내 아이도 어쩌면 비슷한 성향일 수도 있다. 부모 눈에는 마냥 어릴 때의 그 순진한 아이로 보이지만 부모가 아직 발견하지 못한 자녀의 반전 모습이 있을 수도 있다. 그것이 반전 매력이면 좋은데 허를 찌르고 뒤통수를 때리면 쉽게 받아들이지 못한다.

아이들도 눈치가 있어서 집에서는 혼날만한 말이나 행동은 하지 않는다. 집에서 감추었던 성향이 학교에서 드러나 문제를 일으키면 뒤늦게 부모는 아이가 달라졌다며 이상하게 여긴다. 하지만 원래부터 타고난 기질이거나 부모도 모르는 사이에 달라진 성향일 수 있다. 내 아이이지만 완벽하게 다 알지는 못한다. 사춘기로 돌입한 아이를 부모가 다 알고 있다는 판단은 어쩌면 착각일 수도 있다.

아이들이 가진 고유한 성향은 타고났을 수도 있고 자라는 환경에서 자연스럽게 체화했을 수도 있다. 두 가지 조건이 비정형화된 비율로 섞여 아이의 성향을 만든다. 물론, 어른이 된 후라도 내적 동기나 외부적 영향으로 진화를 거듭한다. 그러니 아이의 지금 모습만을 보고 미래를 성급하게 예견하면 안 된다.

아이의 타고나는 기질은 태어나면서 이미 결정됐고, 집 밖에서 아이가 경험하는 외부적 환경은 부모도 컨트롤 할 수 없는 부분이다. 하지만 부모가 제공해주는 가정의 환경은 기질이나 외적 경험을 상쇄할만한 조건이 될 수도 있다. 특히 사춘기 이전까지의 경험은 매우 중요하다. 고학년이 되면서 아이의 문제를 뒤늦게 발견한 부모는 그제야 바로잡아 가르치려고 한다. 그런데 이맘때는 아이의 자아가 싹트면서 기성세대의 말은 잔소리로 받아들이고 들으려고 하지 않는다. 부모가 사춘기 자녀 행동에 미치는 영향력은 아이의 친구만도 못한 경우가 많다.

그래서 소위 가정교육이라고 말하는 가장 기본적인 생활 태도는 가능한 십 대가 되기 전에, 그러니까 열 살 이전에 단호하고 엄격하게 가르쳐야 한다. 자아가 싹트기 전에 가르쳐야 할 모든 습관을 몸과 마음에 익히도록 반복적으로 연습해야 한다. 부모가 끈기 있게 물고 늘어져 몇 년에 걸쳐 장기적인 양육 프로젝트를 수행하듯이 해야 한다. 그와 동시에 예쁜 모습은 열 살까지 다 본다고 생각하고 평생 할 스킨십이나 애정 표현을 실컷 해두는 것이 좋다. 그리고 아이가 열 살이 넘어가면 그전과 같은 모습을 기대하는 마음은 접는 편이 낫다.

요즘은 사춘기의 시작이 매우 빨라졌다. 초등 3학년만 돼도 이차성징 징후가 보이는 아이들이 꽤 많다. 중2병이라고 하니 사춘기는 중2나 돼야 시작하는 건가 싶을 수 있지만 십 대 전체가 은은한 사춘기라고 보면 된다. 여학생이 조금 빠른 편이지만 중2쯤 되면 남학생이든 여학생이든 대부분 사춘기가 한참 진행 중이다. 십 대 전체는 사춘기라는 포물선을 그리며 중2를 전후해서 정점을 찍고 완만한 하강 곡선을 그리며 끝난다. 당연히 사춘기의 시작과 끝의 타이밍은 개인차가 있다.

십 대 전체를 사춘기라고 보면 이 시기의 양육은 이전의 밀착된 방식과 달라야 한다. 한번은 TV에서 등교 준비를 하는 초등학교 5학년 자녀에게 밥을 떠 먹여주는 장면을 보았다. 그날만이 아니라 거의 매일 일상적인 아침의 모습이라고 해서 놀랐다. 이미 저학년에서 끝냈어야 할 기본생활습관이어야 하는데 말이다. 중학생이나 된 자녀의 숙제를 검사하고 옆에 앉아 채점하고 공부를 챙기는 것은 사춘기 자녀를 대하는 부모의 모습으로는 어울리지 않는다. 학교에서도 고학년(4~6학년)을 담임하게 되면 저학년(1~3학년)을 담임할 때의 학급경영 방법과는 완전히 다른 방식을 적용한다. 가정에서도 사춘기 자녀를 열 살 이전의 아이처럼 관리하고 있다면 양육 방식을 돌아봐야 한다.

어릴 때는 기본적인 생활 습관을 가르치고 행동으로 습관화시키려면 울타리가 좁아야 한다. 아직은 보호가 필요한 아이들이므로 부모 눈에 잘 띄는 곳에 두고 밀착해서 가르치면서 피드백해야 한다. 그러다 아이는 사춘기가 되면 좁은 울타리에 갑갑함을 느끼고 더 넓은 세상을 원한다. 부모의 감시에서 벗어나기를 바라고 혼자 있고 싶어 하며 부모와 거리를 두려고 한다. 아이가 달라졌다고 한탄할 일이 아니라 잘 자라고 있다고 기뻐할 일이다. 열 살까지 기본생활습관을 잘 길러왔다면 걱정하지 말고 울타리를 넓혀도 괜찮다.

사춘기는 아동기에서 성인으로 자라는 다리 역할을 하는 시기다. 이제는 아이의 자율성과 독립성을 인정해주며 아동기 때보다 양육의 울타리를 넓혀야 한다. 사춘기 자녀에게 아직도 부모가 일일이 풀을 뜯어다 공급해 준다면 나중에 어떻게 울타리 밖의 세상으로 나갈 수 있을까. 아이는 혼자서 이 풀 저 풀 뜯어먹어보고 싶다. 멀리까지 뛰어가 세상을 느껴보고 싶고 혼자서 방황도 해보고 싶다. 이전보다 경계를 넓힌 울타리 안에서 아이들이 마음껏 뛰놀게 하고 부모는 울타리 밖에서 지켜봐주면 된다. 그렇게 아이는 세상에 대한 면역력을 키워가면서 세상 밖으로 날아갈 준비를 한다.

그런데 가끔은 울타리를 박차고 뛰쳐나가려는 아이들 때문에 부모가 골머리를 앓기도 한다. 그것이 갈등이 되어 크고 작은 다툼이 일어나기도 하고 말이다. 부모는 사춘기 자녀에게 적당한 울타리라고 생각하고 경계를 정했지만 아이의 마음과 다를 수 있다. 무엇이 문제일까.

먼저 사춘기가 됐는데도 아동기 때와 똑같은 울타리를 적용하는 경우이다. 몸과 마음이 하루가 다르게 폭풍 성장을 하는 아이에게는 너무 비좁게 느껴진다. 그 나이 때 아이라면 자연스러운 변화인데 그것을 받아들이지 못하는 부모의 문제일 수 있다. 내 아이에게 어느 정도의 범주를 허용하고 있는지 점검하고 서서히 울타리를 넓혀줘야 한다.

다음으로는 아동기 때는 허용 범위를 넓게 했다가 사춘기가 되어 문제행동이 느껴지자 거꾸로 울타리를 좁히는 경우다. 아이 입장에서는 혼란스럽다. 넓은 운동장에서 뛰어놀다가 갑자기 조여오는 울타리에 적응이 안 된다. 넓은 집에 살다가 갑자기 좁은 집으로 이사한 사람의 갑갑한 심정과 비슷하다.

교직경력이 얼마 되지 않았을 때 일이다. 담임을 맡고 너그러운 선생님이 되고 싶은 마음에 3월부터 울타리를 넓게 했다. 하지만 날이 갈수록 학생들 생활태도가 엉망이 되는 게 느껴졌다. 안 되겠다 싶어서 부랴부랴 규칙을 강화했지만 원망의 소리가 터져 나왔다. 이미 널널한 교실 생활에 익숙한 아이들에게는 먹혀들지 않았다.

다음 해부터는 좁은 울타리에서 시작해서 규칙을 엄격하게 적용했다. 아이들의 반응을 살피며 완급조절을 했다. 학년말이 다가올수록 울타리를 조금씩 풀어주며 넓혔다. 조삼모사와도 비슷하다. 처음에 넓게 했다가 좁히면 아이들은 못 받아들인다. 하지만 처음에는 좁게 시작해서 점차적으로 넓히면 끝이 좋기 때문에 나는 너그러운 선생님으로 기억된다.

육아도 마찬가지다. 3월에 해당하는 유아기에는 가장 좁은 울타리여야 하고 아동기, 사춘기로 가면서 점차적으로 울타리를 넓히며 완급조절을 해야 한다. 사춘기 아이에게 이제와서 좁히려고 들면 아이는 받아들이기 힘들다. 부모는 먼저 아이의 변화를 인정하고 받아들여야 한다. 아동기에 이미 넓게 허용했다면 갑자기 좁히려 들지 말고 일단은 원래의 울타리를 유지한 상태에서 아이와 소통해야 한다.

마지막으로 부모는 울타리를 충분히 넓혔다고 생각하지만, 아이가 바라는 만큼이 아닐 수도 있다. 아이들은 다른 집과 비교하며 우리 집이 너무 빡빡하다고 호소하기도 한다. 그렇다고 해서 무한정 넓힐 수는 없는 일이다. 울타리의 범주를 어디까지로 할 것이냐도 사춘기 자녀를 키우는 부모의 고민이자 숙제다. 집집마다 분위기가 다르고 부모와 아이의 결이 다르니 울타리의 경계를 일반적인 기준으로 정하기는 어렵다. 하지만 확실한 것은 아이는 성장하는 중이기 때문에 아동기 때의 울타리보다 점차적으로 넓혀줘야 한다.

 내가 생각했던 울타리의 기준은 타인에게 피해를 주지 않는 선이었다. 아이의 말이나 행동이 타인에게 피해를 주지 않는다면 내 눈에는 거슬리더라도 적어도 울타리 밖으로 나간 것은 아니라고 생각했다. 사소한 예로 요즘 아들이 슬리퍼를 신고 학교에 다니는 모습을 보면, 그것을 신고 다닐 때 발생할 문제들이 백 가지도 넘게 떠오르며 잔소리가 목구멍을 치밀어 오른다. "너, 그…" 하는 순간 머리를 빠르게 굴려 생각해보면 남에게 피해를 주는 것은 아니니 말하지 않는다. 하지만 그 선을 넘으면 경고나 제재를 했다.

 귀가 시간과 같은 경우는 어릴 때부터 항상 그랬는데, 언제 돌아올 계획인지 아이에게 먼저 물었다. 들어보고 나서 상황에 맞게 적정선에서 타협했다. 아이에게 결정권을 먼저 주어서 스스로 사고하는 연습을 하려는 이유였다. 자신이 주도적으로 시간을 정한다고 느끼게 해서 생활에서 주체성이나 자기 주도성을 키우려는 의도였다. 다른 생활에서도 대체로 아이의 의견을 먼저 물었고 그런 식으로 상황 판단력을 길러주고 싶었다. 어릴 때부터 이런 연습을 해온 아이들은 사춘기가 돼서도 적정한 귀가 시간을 제시했고 약속을 지켜 귀가했다.

가끔은 울타리가 충분히 넓은데도 불구하고 부모의 제재에 아랑곳없이 누가 봐도 분명히 선을 넘는 행동을 서슴없이 하는 아이들도 있다. 그럴 땐 부모가 이렇게까지 허용해주는데 너는 왜 그러냐고 당장에 따지고 들 일이 아니다. 상담소를 찾기 전에 아이의 결을 살피며 무척이나 조심스러워야 한다. 자신을 문제아 취급하는 부모의 말을 고분고분 받아들일 사춘기 아이가 얼마나 될까. 자칫하면 관계를 악화시킬 수 있다. 부모와의 친밀감이나 라포르(신뢰 형성rapport)를 사춘기 이전까지 충분히 다져놓는 것이 중요한 이유다. 어릴 때부터 라포르가 밀도 높게 형성된 아이들은 사춘기가 되더라도 귀를 아예 닫아버리지는 않으니 말이다. 사춘기 양육은 아이와의 신뢰와 소통이 가장 기본이 되어야 한다.

요즘은 사춘기의 시작은 빨라진 데 비해 끝은 점점 더 늦어지는 듯하다. 전에는 대학에 가면 준성인 대우를 했다. 그런데 요즘은 20대가 된 자녀를 아직도 사춘기 자녀 대하듯 하는 부모를 많이 본다. 부모의 역할은 아이를 통제만 하거나 보호만 하는 것이 아니라, 아이 스스로 자립할 수 있도록 지원하고 믿음을 주는 방향이어야 한다.

하지만 내 자식이 아직 어리게만 보여서, 불안해서 그렇게 하지 못하는 부모들이 많다. 아이는 부모가 울타리를 넓혀주는 만큼 자랄 수 있다. 사춘기를 건강하게 보낸 아이들은 성인기에 접어들 때 부모로부터의 진정한 독립을 자연스럽게 받아들일 수 있다. 자녀가 대학생이 되거나 사회에 나갈 때, 스스로 삶을 개척할 수 있도록 부모는 신뢰와 지원을 제공해야 한다. 사춘기 동안 부모가 울타리를 적절하게 넓혀주었다면, 성인기에 이른 자녀는 부모의 보호 없이도 세상 속에서 자신의 길을 찾아 나갈 준비가 되어 있을 것이다.

결국 사춘기 양육의 궁극적인 목표는 자녀가 성인기로 자연스럽게 이어지도록 돕는 것이다. 사춘기 동안 아이에게 신뢰와 자율성을 주며 울타리를 넓힌다면, 성인 자녀의 성공적인 독립으로 이어질 수 있다. 이러한 연속적인 양육 철학이 아이의 발달과 성장을 돕는 가장 중요한 열쇠가 아닐까.

부모로 태어나 성장통을 겪으며
그렇게 우리는 부모가 된다

우리 시대의 '아버지' 하면 떠오르는 전형적인 이미지가 있다. 대체로 엄격하고 과묵한 편이며 츤데레 성향이다. 자녀에게 무심해 보이지만 사실은 관심이 많다. 궁금해도 자녀에게 직접 묻지 않는다. 꼭 엄마를 통해 묻는다. 엄마와는 너무 친해서 지지고 볶기도 하지만 부성애는 왠지 거리감이 느껴진다. 아버지의 속은 깊은 우물 속과 같아서 그 바닥이 어디쯤인지 알 수 없고 그래서 그 마음이 자녀에게 닿기란 쉽지 않다.

그런 아버지 밑에서 자란 남자는 결혼해서 아이를 낳으면 어떤 아빠가 될까. 나는 절대 우리 아버지 같은 아빠는 되지 않겠다고 다짐하지만, 어느새 그런 아버지의 모습을 닮는 경우가 많다. 보고 자란 아버지의 롤모델이 나의 아버지이기 때문이다.

고레에다 히로카즈 감독의 〈그렇게 아버지가 된다〉라는 영화가 있다. 두 가족은 어느 날 병원으로부터 6년 동안 키운 아이가 산부인과에서 서로 바뀌었다는 사실을 통보받는다. 양쪽 집에는 하루아침에 날벼락과도 같은 재난 상황이다. 애지중지 길렀는데 혈육이 아니라고 해서 물건 바꾸듯 바꿀 수도 없고, 혈육을 포기할 수도 없는 기가 막힌 상황이다. 그런데 이 영화의 쟁점은 '기른 아이와 낳은 아이 사이 중 어느 쪽을 선택해야 하느냐'의 단순한 문제가 아니다. 영화는 양쪽 부모와 아이의 일상을 덤덤한 시선으로 따라가면서 과연 부모란, 자녀란 서로에게 어떤 존재인지 돌아보게 하는 근본적인 질문을 던진다.

카메라는 특히 한쪽의 아버지, 료타에게 집중한다. 료타는 아이들을 바꿔야 하는 상황에서 마음 아파하는 아내와는 달라 보인다. 이상하리만치 마음의 동요가 없다. 료타는 일이 바빠서 아이와 놀아줄 시간이 없는 아빠다. 료타는 어린 시절 부모의 이혼과 재혼을 겪었다. 또한, 감정표현에 서툴고 무뚝뚝한 아버지 밑에서 자라며 온전한 사랑을 받지 못했다. 그런 아버지의 성향과 자라온 환경 요인 때문인지 아이와 노는 데 익숙지 않은 료타는 늘 "내가 아니면 안 되는 일이 많아서…"라는 궁색한 변명을 한다. 아이와 함께하는 불편한 시간을 최대한 피하기 위함이다.

그렇다면 료타는 나쁜 아빠일까. 료타의 어린 시절 상처와 성장 과정을 보면 지금의 모습이 이해되기도 한다. 료타는 아버지의 모습을 그대로 답습하는 듯 보인다. 그런 료타를 나무랄 수만은 없다. 영화 말미에 가면 그는 자기 모습을 돌아보며 잘못을 깨닫는다. 료타가 기른 아들에게 진심이 담긴 사과를 하면서 영화는 끝난다.

잔잔한 영화의 끝에서 마음이 가벼워진다. 아버지로서 한 단계 성장한 료타를 상상할 수 있기 때문이다.

부성애는 모성애와 조금은 다른 색깔인 듯싶다. 남자도 아내가 내 아이를 임신했다는 사실을 알면 뛸 듯이 기쁘다. 아내의 배가 하루가 다르게 불러오는 걸 보면 생명의 신비가 느껴진다. 출산 과정을 함께하며 아내와 아기 모두 건강하다는 것만으로도 감사하다. 손가락, 발가락을 꼬물거리는 아기를 보니 이제야 비로소 '내가 진짜 아빠가 됐구나' 하며 실감한다.

부성애는 아기가 태어나면서 더욱 무거워지는 가장으로서의 책임감에서부터 시작하는지도 모르겠다. 아버지라는 클리셰도 예전 아버지들에게나 해당하지, 요즘은 특별히 고정적인 아버지 이미지는 없는 편이다. 다정다감한 아버지, 권위적인 아버지, 유머러스한 아버지, 잘 놀아주는 아버지, 피곤한 아버지 등 요즘 아빠들의 캐릭터는 다양하다.

만약 〈그렇게 어머니가 된다〉라는 영화를 만든다면 다른 이야기가 펼쳐지지 않을까. 대부분 모성애는 임신했다는 사실을 인지한 순간부터 탯줄로 연결된 아기와 육체적 친밀감을 느끼며 자연스럽게 발생하는 감정이다. 따뜻한 생명체를 처음 품에 안을 때는 출산의 고통은 다 잊을 만큼 감동적이다. 모성애란 누가 가르쳐준 적이 없어도 엄마가 되는 순간부터 느끼는 본능과도 같다. 아이를 잉태하는 순간부터 여자는 그렇게 어머니가 된다.

시대가 변해서 워킹맘이 많아졌지만, 워킹을 한다고 해서 맘에 대한 기대치가 낮아지는 것도 아니다. '어머니'라고 하면 스펙트럼이 그다지 넓지 않은 고정된 이미지, 흔히 이상적으로 그리는 어머니상이 있다. 예전의 어머니상이 대물림되었거나 매체에서 일관된 이미지를 보여주는 식으로 사회가 고정된 어머니상을 제시할 수도 있다. 키워드는 아마도 '사랑', '희생', '다정' 등이지 않을까.

봉준호 감독의 영화 〈마더〉는 한 엄마의 맹목적인 모성을 보여준다. 어리숙한 아들이 살인죄로 몰려 감옥에 가게 되자, 아들이 절대 범인이 아닐 것이라는 믿음으로 진범을 찾아내기 위해 엄마가 직접 발 벗고 나선다. 그 과정에서 아들이 살인하는 장면을 본 유일한 목격자를 만나 진실을 알게 되고, 우발적으로

그를 살해하기에 이른다.

엄마에게는 범인이 누구인지는 중요하지 않았다. 내 자식은 나쁜 짓을 했을 리가 없으며 혹여 내 아들이 진짜 살인을 했더라도 자식이 전과자가 되는 것을 차마 내버려 둘 수 없었다. 엄마의 살인 행위는 의도가 어떻든 윤리적으로 결코 용서받지 못할 테지만 그녀의 행동은 본능에 가까운 동물적인 모성애로 보인다.

아들이 풀려난 뒤 대신 죄를 뒤집어쓰고 감옥에 가게 된 이에게 "너, 부모님은 계시니? 엄마 없어?"라는 질문은 그래서 의미가 있다. 너에게 엄마가 있다면, 엄마는 너를 이렇게 내버려 두어서는 안 된다는 말로 들린다. 윤리와 모성이 충돌하는 순간, 아들을 지키려는 욕심에 비뚤어진 모성애를 보며, 모성애란 과연 어디까지 인정받을 수 있는 것인지 고민하게 된다.

엄마에 대한 고정관념은 마치 절대자나 신에 가까운 느낌이다. '신이 모든 곳에 있을 수 없어서 어머니를 보냈다'라는 말도 그렇다. 엄마에게 보호자를 넘어 수호자의 역할을 부여한 듯하다. 자식에게 무슨 일이 생기면 물불 안 가리는 해결사 역할을 해야 한다는 당위성은 언제부터였을까.

나도 한때는 그런 고정관념에 갇혀 있었다. 희생하지 못하는 나는 나쁜 엄마인가, 사랑을 제대로 표현하지 못하고 다정하지 못한 나는 부족한 엄마인가, 하는 자책을 하던 때가 있었다. 전형적인 엄마 상에 한참 못 미치는 나는 못난 엄마 같았다. '학교에서 애들 수십 명, 수백 명을 가르치면 뭐 하나, 내 자식은 제대로 돌보지 못할 때도 많으면서…'

하지만 엄마도 다양한 유형이 있다는 결론에 이르렀다. 대중적으로 만들어진 이미지 안에서 허우적댈 필요가 없다. 내가 자란 히스토리가 있고 나란 사람이 할 수 있는 것과 할 수 없는 것이 있다. 모든 것을 희생하지는 못해도 내 여건에서 할 수 있는 최선을 다하는 중이었다. 누구에겐 부족한 엄마로 보여도 내 딴엔 최선을 다해 노력하고 있었다. 반드시 희생해야 좋은 엄마라고 스스로에게 강요하고 싶지 않았다. 자식을 위한다고 나를 태워서 재가 되고 싶지 않았고 내 인생 돌려달라고 하소연하고 싶지 않았다. 나를 지켜가면서 엄마 노릇을 하고 싶었다.

부모가 어떤 캐릭터일지는 상황에 따라, 자녀의 나이에 따라 달라질 수 있다. 내 아이들이 어릴 때는 잘 놀아주는 아빠면 좋겠다고 남편한테 말한 적이 있다. 평생에서 지금이 아이들과 놀 수 있는 황금 같은 시간이라고 말이다. 나 역시 아이들의 필요에 맞는 엄마 역할을 맡았다. 워킹맘이긴 했지만, 틈틈이 아이들과 교감해주며 주말에는 아이들 데리고 들로, 산으로, 박물관으로, 도서관으로 다녔다. 그러다 큰애가 사춘기에 접어들기 시작하자 캐릭터 설정을 다시 해야 할 필요를 느꼈다.

자녀가 태어나면 부모는 'OO 아빠, OO 엄마'라고 불린다. 부모가 된 것은 감격스럽지만 낯설고 익숙지 않은 호칭이 처음엔 부자연스럽기도 하다. 호칭이 역할을 결정한다고도 하지만 당장에 부모 노릇을 잘 하기란 쉽지 않다. 우리는 자녀 양육에 대해 배운 적이 없다. 부모가 나를 키웠던 방식을 답습하거나, 전문가나 선배 엄마들의 육아서가 전부다.

부모도 숱한 시행착오를 거치며 성장한다. 아이가 태어나는 순간, 부모도 부모로 태어난다. 그리고 평생에 걸쳐 아이와 함께 부모로 성장해간다. 특히 자녀가 비약적으로 성장하는 사춘기가 되면 부모도 비슷한 강도의 성장통을 겪는다. 내 아이들을 통해 그 과정을 겪어보니 자식을 키운다는 것은 그 자체로 수행이며 도를 닦는 과정이라는 말이 백번 이해된다. 자식을 통해 느끼는 희로애락은 다른 어떤 것으로도 대체가 안 되며 그 자체로 인생 공부다. 부모로서의 성장이기도 하지만 한 인간으로 깊이 성숙해지는 과정이다.

료타가 아버지로 성장하기 시작한 지점은 자신을 돌아보며 반성하고 아이에게 진심으로 사과할 때부터였다. 감독이 영화를 통해 하고 싶었던 말은 이것이 아니었을까. 성찰하며 성장하는 부모가 되어야 한다고, 그렇게 부모가 되는 거라고.

사춘기 자녀에 어울리는 부모의 역할

자녀가 어릴 때부터 부모 역할에 충실했다면 특별히 노력하지 않아도 과거 모습을 유지하면 된다. 사춘기 자녀가 달라지는 모습을 보이더라도 의연하게 반응하면서 이전의 캐릭터를 유지하기만 해도 되기 때문이다.

문제는 자녀가 사춘기가 되면서 변화된 모습을 보일 때 부모가 당황해서 어릴 때보다 강한 훈육을 하려고 들 때인데, 거기서부터 갈등이 시작된다. 멀어지려는 아이가 당연한 변화임을 받아들이고 아이와의 거리를 인정하는 것이 가장 달라지는 포인트이다.

부모가 모든 순간 완벽할 수는 없다. 나 역시 아래에 제시한 행동을 매번 잘하지는 못했다. 하지만 중요한 것은 올바른 부모 역할과 방향을 알고 있는 것이다. 그러면 잠시 길을 잃더라도 원래의 자리로 돌아올 수 있다. 완벽할 수는 없지만, 방향은 잃지 않기를 바란다.

♥ 이해와 공감

- 자녀의 감정 변화와 예민함을 이해하고 수용한다.
- 독립성 추구를 자연스러운 과정으로 이해한다.
- 자녀의 생각과 감정을 존중하고 경청하며, 공감하는 태도를 보인다.
- 부모가 보기에는 사소한 문제라도 자녀가 중요하게 생각하는 문제를 존중한다.

♥ 적절한 거리 유지

- 지나친 간섭이나 통제는 피하고, 자녀가 스스로 문제를 해결할 기회를 제공한다.
- 자녀의 사생활을 존중하며, 적절한 독립성을 인정한다.
- 필요할 때만 도움을 주되, 자녀가 스스로 결정할 수 있도록 지원한다.

♥ 열린 대화

- 열린 마음으로 자녀가 자유롭게 의견을 말할 수 있도록 개방적인 환경을 조성한다.
- 부모가 말하기 전에 자녀의 말을 먼저 끝까지 듣는다.
- 비판적이거나 훈계하는 말은 자제한다.
- 하고 싶은 말은 짧고 간략하게 핵심만 전달한다.

♥ 일관성 있는 규율 설정

· 자녀에게 명확한 규칙과 한계를 설정하되, 그 이유를 충분히 설명하고 이해시키기 위해 노력한다.

· 부모의 기분에 따라서 달라지지 않는 일관성 있는 규율을 통해 자녀가 예측 가능한 환경에서 성장할 수 있도록 한다.

♥ 긍정적인 모델링

· 자녀에게 모범을 보이는 행동을 하여, 존중과 책임감을 자연스럽게 배우도록 한다.

· 감정 조절이나 갈등 상황에서 성숙한 문제 해결 방법을 부모가 먼저 보여준다.

· 책임감 있고 성숙한 태도를 보이며 자녀에게 좋은 롤모델이 될 수 있도록 노력한다.

♥ 자율성과 책임감 강조

· 자녀가 스스로 결정을 내리고 그 결과를 책임지도록 함으로써 성숙한 판단력을 키워준다.

· 실수를 통해 배울 수 있는 경험을 중요시한다.

· 자율성을 부여하되, 그에 따른 책임감을 함께 강조한다.

♥ 정서적 안정감 제공

• 자녀가 집에서 편안함과 안정감을 느낄 수 있도록 가정 내에서 따뜻한 분위기를 조성한다.

• 자녀가 좌절하거나 실패했을 때도 부모가 항상 지지하고 있다는 신뢰감을 준다.

• 언제든지 부모에게 도움을 청할 수 있다는 심리적 안정을 자녀에게 제공한다.

♥ 인내심과 여유

• 자녀의 변화에 대해 인내심을 갖고 급하게 반응하지 않는다.

• 시간이 필요하다는 것을 이해하고, 긴 호흡으로 자녀와의 관계를 유지한다.

• 때로는 자녀가 거리를 두고 싶어 하는 모습을 인정하고 너그럽게 기다려준다.

2장
내려놓음의 미학

세상에 하나뿐인 나만의 육아서, 양육계획서

초등학교 교사는 담임을 맡으면 매년 책 한 권 분량의 '학급교육과정'을 만든다. 학급 담임을 배정받으면 내 반 아이들을 처음 만나는 3월이 되기 전에 일 년 치 계획을 세운다. 학년 발달 과정에 맞는 교육목표를 세우고 그 목표에 도달하기 위해 아이들을 어떻게 이끌어갈지 세부 과정을 수립한다. 일 년간의 수업계획과 평가계획까지 들어간다.

큰애가 초등학교 입학을 앞두고 있던 2월 말이었다. 다른 해와 마찬가지로 새 학년 시작을 앞두고 학급교육과정을 만드느라 분주했다. 바쁜 와중에 문득 이런 생각이 스치고 지나갔다. '아직 얼굴도 모르는 내 반 아이들 가르치자고 일 년 계획서를 만들면서, 족히 이십 년은 걸리는 양육을 하겠다는 엄마가 계획서 한 장이 없구나' 처음 느낀 각성이었다.

그러다 이내 마음의 다른 한편에서 이렇게 말했다. '계획 중독에 걸려도 단단히 걸렸네. 양육에 무슨 계획서까지 필요해. 엄마는 우리 남매 키울 때 계획서 한 장 없이도 잘만 키웠는데…' 하면서 고개를 저었다. 연초에 절치부심 계획을 세우고도 채 한 달도 못 가서 수포로 돌아간 적이 얼마나 많았던가. '양육 계획', 말은 그럴싸하지만 마음먹은 대로 될까. 부질없다며 홀홀 털어버리고 마음 접었는데 며칠이 지나도록 '양육계획서'가 머리를 맴돌며 떠나지 않았다.

모든 워킹맘이 그렇듯 나 역시 교사, 엄마, 딸, 며느리 기타 등등의 역할을 맡은 일인다역 배우였다. 게다가 나는 에너지 효율이 떨어지는 타고 난 저질 체력이었다. 평상시에는 양육의 소신을 잘 지키다가도 심신의 컨디션이 무너지면 소신이고 뭐고 감정부터 앞섰다. 그랬으니 어느 역할 하나 제대로 소화하지 못하고 버거워하는 불안정한 엄마였다.

애써 극복하려고 주기적으로 육아서를 읽으며 마음을 다잡았다. 그런데 이상하게도 읽을 때는 감화돼서 '그래, 이렇게 해야지' 하다가도 책을 덮고 마주한 현실에서는 머리가 하얘지기 일쑤였다. 책에서는 '이럴 땐 이렇게 말하세요, 저럴 땐 저렇게 행동하세요'라고 했지만 현실의 상황이란 책에서 말하는 시나리오대로 전개되지 않았다. 아이의 기질은 제각기 다르고 일상에서 맞닥트리는 상황은 매번 섬세하게 다르기 때문이다.

갈 길이 까마득한 양육의 터널에서 버팀목이 필요했다. 양육도 장기적인 계획이 필요하다는 결론에 도달했다. 안되면 폐기하더라도 일단은 만들어보기로 했다.

양육계획서는 들어본 적이 없었다. 참고라도 될까 싶어서 인터넷을 뒤져 봤다. 검색창에 '양육계획서'라고 입력하니 양식 하나가 나왔다. 이혼 소송에서 양육권 쟁탈을 위해 법원에 제출하는 양식이었다. 두 가지 사실을 알게 됐다. 양육계획서라는 걸 따로 쓰는 사람은 없다는 것(누군가 만들었어도 인터넷에 올리지 않았거나)과 이혼할 때 양육 분쟁을 위해서 양육계획서를 쓴다는 것. 괜찮았다. 누구에게 보여주려는 것도, 상사에게 결재받을 것도 아니니 형식은 크게 신경 쓰지 않기로 했다.

양육계획서라고 말하니 거창하게 들리지만, 내 계획은 큰 틀의 양육 로드맵이었다. 양육의 목적은 무엇일까부터 떠올렸다. 부모는 왜 자녀를 양육하며 양육이라는 터널의 끝은 무엇일까. 내가 내린 결론은 자녀의 '독립'이다. 아이가 혼자 힘으로 세상을 훨훨 날아다니는 모습을 흐뭇하게 바라본다면 양육자는 할 일을 다 한 것이다.

성인이 된 아이가 어떤 모습이면 바람직할까. 우리 부부는 몸과 마음이 건강한 독립적인 성인이기를 바랐다. 아이가 둘이니 따로따로 만들었다. 쌍둥이도 다른데 남매는 성별 외에도 성격, 기질, 체질, 식성, 특기, 흥미 등 달라도 너무 달랐다. 아이가 나이 한 살 먹을 때마다 신체적, 정서적, 지적인 영역에서 올해는 내가 어떤 점에 중점을 두고 양육할지 계획을 세웠다.

나의 양육계획서는 아이가 도달해야 할 지점이 아니라 양육자인 내가 해야 할 일에 대한 계획이었다. 바람직한 성인상을 상상하며 그렇게 키우기 위해서 지금 내가 해야 할 일은 무엇일까 떠올렸다. 이를테면 신체 면에서 '아이가 올해는 줄넘기를 몇 개 한다'가 아니라, 엄마인 내가 아이의 신체 발달을 위해 '될 수 있으면 패스트푸드는 자제한다, 신선한 육류, 채소, 과일 골고루 먹인다, 영양제를 챙겨 먹인다'와 같이 양육자로서 내가 해야 할 일에 중점을 두었다.

양육계획서는 내 아이들을 위한 나만의 육아서였다. '이럴 땐 이렇게 하고 저럴 땐 저렇게 한다'는 식의 상황에 따른 구체적인 대처방안은 계획하지 않았다. 현실에서 그와 똑같은 상황은 거의 일어나지 않기 때문이다. 어떻게 보면 계획이라기보다는 아이들을 양육하는 내 마음의 방침이나 지침에 가까웠다.

시시때때로 달라지는 상황에서는 큰 줄기 같은 양육 방침에 따라 판단하면 될 일이었다. 실제의 양육 상황에서는 상황별 팁보다 마인드가 중요하다는 생각이 들었다. 말과 행동은 현상이라서 본질에 따라 달라지기 때문이다. 몸이 편안하고 마음이 평화로우면 아이들에게 향하는 말이나 행동도 그러할 것이었다. 최우선으로 몸의 컨디션을 유지하고 마음의 평정심을 유지하려고 노력했다. 말과 행동이 조금씩 달라지는 게 느껴졌다.

아이가 본격적인 학령기에 접어들었다. 이맘때 만나는 엄친아는 엄마들에게 큰 자극이자 고비이다. 나 역시 고비를 몇 번 만났는데 주로 '아친엄'(아이 친구 엄마)과의 만남이 계기가 됐다.

큰애가 초등 3학년 때 친하게 지내던 한 아이가 있었다. 알고 보니 그 집 엄마는 내가 담임하던 5학년 학부모이기도 했다. 어느 날은 그 엄마와 스몰토크를 나누다가 내 아이가 학원은 어디를 다니는지, 수학 진도는 어디까지 나갔는지 궁금해하며 물어왔다. 숨길 이유가 없으니 수학은 집에서 문제집으로 학교 진도를 따라가는 정도고 학원은 피아노만 다닌다고 말했다.

그 엄마는 그러면 안 된다면서 펄쩍 뛰었다. 아이 담임이라서 특별히 알려준다며 세상 물정 모르는 엄마에게 한 수 가르쳐준다는 듯 학습 로드맵을 조목조목 알려줬다. 수학 진도는 어느 정도까지는 해야 나중에 고생하지 않는다면서 어느 학원이 좋다고까지 알려줬다. 친절인지 선을 넘은 건지 모를 개운치 않은 대화를 끝내고도 그 엄마의 말이 계속 신경이 쓰였다. 그 집 아이들은 모두 그 엄마만큼이나 똑 부러지고 영리했다. 그 엄마의 로드맵이 아이들을 그렇게 키운 건가 싶었다. 내가 뭔가 한참 모자란 엄마처럼 느껴졌다.

　불안한 마음으로 양육계획서를 열어봤다. 큰애가 지금까지 자라온 과정을 짚어 봤을 때 내 아이의 발달에는 지금 진도가 맞다. 급하다고 선행을 했다가는 죽도 밥도 안된다는 것을 학교 아이들을 보면서 이미 알고 있었다. 내 아이보다 잘하는 아이들이야 많고 많지만, 그 애들 쫓아가려다 내 자식 가랑이 찢어질 수도 있는 일이었다. 바로 정신을 차렸다.

　아이들의 또래 친구와 비교하는 마음이 올라올 때 양육계획서는 매우 유용했다. 아이 친구 엄마나 맘카페 엄마들, 옆집 아줌마 말에 잠시 팔랑귀가 될 때도 있었다. 수시로 올라오는 불안과 집착을 마주할 때마다 들여다보며 마음을 다잡았다. 내 아이들의 지나온 성장 과정과 앞으로의 목표 지점을 확인하면 불안한 마음이 진정되곤 했다.

　특히 아이들이 사춘기를 지날 때 나의 흔들리는 마음을 잡아준 동아줄이기도 했다. 사춘기 때는 아이도 혼란스럽지만, 아이를 바라보는 내 마음에도 천둥, 번개를 동반한 폭풍우가 휘몰아친다. 그런 혼란 속에서 양육계획서는 스스로 의지할 수 있는 근거가 돼주었고 안정된 방향을 제시해주었다. 목적이 맞고 방식이 옳다면 틀리지 않을 거라는 믿음으로 버틸 수 있었다.

　그렇다면 이쯤에서 궁금할지도 모르겠다. 우리 아이들은 내가 계획한 대로 자랐을까, 하고 말이다. 아이들 모두 사춘기의 끝에 다다른 지금에서 돌이켜보면 그렇지 않은 부분이 더 많다. 아이들은 내가 빚는다고 모양대로 빚어지는 도자기가 아니기에 떡 주무르듯 주물러서 내 마음대로 만들겠다는 생각도 없었다. 처음 양육계획서를 만들겠다고 마음먹었을 때 아이들이 내 계획대로 자라야 한다고 기대하지도 않았다. 계획서라고 말했지만 반드시 이렇게 자라야 한다는 정형화된 틀이 아니었다.
　우리가 세우는 계획 중 마음먹은 대로 되는 것이 과연 얼마나 될까. 그러니 상황에 맞게 수시로 조정해나가야 하는 것이 계획이다. 나의 계획은 고정된 틀이 아니라 가고자 하는 방향, 즉 지향점이었다. 그랬기 때문에 아이가 정체기나 급성장을 맞으면 당연히 언제라도 변경 가능하다는 여지를 포함했다. 아이들의 성장 속도에 맞춰 수시로 바꿔나갔다.
　양육계획서를 쓴다는 것은 남편에게만 살짝 얘기했지, 아이들에게나 누구에게도 말한 적이 없다. 엄마로서 불안정했던 나를 잡아줄 중심이 필요해서 시작한 것이므로 떠벌릴 이유가 없었다. 양육계획서가 있어서 아이들을 더 잘 키웠느냐고 묻는다면 그건 잘 모르겠다. 다만 내 아이들의 결에 맞는 나만의 양육 계획을 갖고 있었기 때문에 흔들리지 않고 갈 수 있는 든든한 버팀목이 됐던 것만은 확실하다.

 삼십 년 넘게 만나고 있는 고등학교 친구가 있다. 그 친구는 딸이 서너 살 때 이혼하고 지금까지 돌싱으로 살고 있다. 딸은 지금 언론사 기자로 일하며 자기 몫의 삶을 충실히 살아가고 있다. 얼마 전에 만나서 이야기를 나누다가 애들 키울 때 얘기가 나왔다. 친구는 이런 말을 했다.
"이혼하고 처음에는 아이를 혼자 키우려니 불안하고 막막했어. 한 부모 가정이라는 사실을 내가 먼저 인정하고 받아들였어. 그래야 중심을 잡고 아이를 키울 수 있다고 생각했으니까. 그리고 나서 육아서적에서 공통으로 말하는 점을 뽑아서 노트에 정리했어."
 오래 만나 왔지만 처음 듣는 말이었다. 친구는 딸을 키우면서 그 노트를 양육의 바이블로 삼았다고 했다. 육아서적에서 공통으로 말하는 것이라면 의심하지 않고 따를만한 지침이 되리라 믿었다고 한다. 오랜 시간 옆에서 봐온 친구는 혼자서도 꿋꿋하고 단단하게 중심을 잡고 아이를 키운다 싶었는데 그 비밀을 알게 된 것 같았다.

집의 두 아이는 지금 대학교 3학년, 고등학교 3학년이라서 이제는 양육계획서를 들춰 볼 일이 없다. 나는 양육을 시작하던 처음의 마음과 많이 달라졌다. 양육을 하며 내 안의 결핍과 욕심을 확인했다. 그것을 나 스스로 해결하지 않으면 양육은 전쟁이 될 수밖에 없음을 깨달았다. 양육이란 자식을 기른다는 의미이지만, 실은 나 자신을 갈고닦아 길러내는 '자기 수양'의 과정임을 알았다. 아이들이 어릴 때 나 혼자 부풀어서 꿈꿨던 원대한 포부는 쪼그라들었다. 하지만 실망하기보다는 지금 아이들과의 편안한 관계에 만족한다.

양육계획서는 내가 중심을 잡지 못하고 흔들릴 때마다 이내 다시 원래대로 돌아올 수 있는 기준점이 돼주었다. 나의 욕심으로 채우지 않고, 나를 고집하지 않는 유연한 양육 계획, 아이들의 결을 따라가는 양육 계획은 아이들을 키운 동시에 나를 키웠다.

양육계획서, 나는 이렇게 썼다

1) 나만의 계획이니 형식에 상관없이 내가 가장 편한 방법으로, 나만 알아볼 수 있게 짧게 요약해서 쓴다. (복잡하지 않고 단순하고 편해야 자주 들여다보게 된다)

2) 기록이 중요한 것이 아니라 실천과 주기적인 성찰이 중요하다.

3) 다음은 예시 자료일 뿐이며 엄마 성향에 맞게 변형해서 영역을 세분화하거나 단순화해서 활용한다.

4) 영역 칸은 필요한 내용을 추가한다. (신체적, 정서적, 지적 영역은 필수!)

5) 계획 칸에는 내가 중점적으로 해야 할 행동을 기록한다.

6) 성찰 칸에는 내 행동을 확인하며 잘 지키고 있는지 (생각이 날때마다) 점검하고 기록한다.

7) 아이의 발달이나 성장 속도에 맞춰 완급을 조절하며 수시로 수정한다. (그래서 다이어리 말고 수정이 편한 워드로 입력하는 것을 추천한다. 계획만 해놓고 수시로 성찰하지 않으면 의미 없는 계획이다)

예) 13살(초6) 양육계획서 (학기별로 하는 것도 좋다. 방학이 아이들에겐 큰 전환점이 되는 터닝포인트이기 때문이다)

영역	양육계획 (자녀의 발달과 성향을 잘 살피며 결에 맞춰 가감한다)	성찰
신체	야채가 보이지 않게 숨겨서 요리	
	매일 취침 전 우유 1컵 먹이기	
	주말 체육 활동 (배드민턴, 축구 등 아이 의견?) : 아이에게 의견을 묻고 협의 후 결정	
	....	
정서	모닝 포옹, 굿나잇 포옹	
	혼자 있고 싶어 하면 방해하지 않기	
	아이가 말할 때 끊지 말고 끝까지 듣기	
	아이에게 말할 때는 한 템포 쉬고 생각한 후에 천천히 말하기	
	....	
학습	매월 줄글책 구입(서점 데이트, 책 선택은 아이가)	
	학원 상담(현재 상태 점검, 앞으로 진도와 방향 점검)	상담 결과 기록
	....	
기본 생활 습관	아침에 스스로 일어나도록 (알람 시계)	
	교과서, 준비물 학교 배달 ×, 아이와 미리 약속 (교과서와 준비물을 안 가져가도 학교까지 가져다주지 않는다)	
	....	

엄마가 선생님이라서 좋았던 거 있어?
아니, 없는데···

"넌 좋겠다. 엄마가 선생님이라서···."

딸이 고등학교를 졸업할 때까지 친구들한테 수도 없이 들었던 말이라고 한다. 어릴 때 잠깐은 으쓱한 기분도 느꼈지만 하도 듣다 보니 지겨워져서 나중엔 긍정도 부정도 하지 않았다고 한다. 아무리 좋은 말도 같은 말을 백 번 들으면 귀에서 피가 날 테니, 딸이 당했을 괴로움은 어느 정도 이해가 된다.

나도 반대 입장에서 비슷한 경험이 있다. 어릴 때 부러웠던 친구가 있었다. 그 친구의 아빠는 내가 초등학교 2학년 때 나를 담임하셨던 인자한 선생님이었다. 선생님도 친구도 부녀관계를 밝히지 않아서 5학년이 돼서야 그 선생님이 그 친구의 아빠라는 사실을 알게 되었다. 그 친구는 나를 포함한 많은 친구들의 부러움을 한몸에 받았다. 당시 아이들에게 선생님이란 절대 우상과도 같은 존재였기 때문이다. 우리 눈에는 그 친구가 대단한 특권이라도 가진 듯이 보였다. 그 친구가 성적이 좋거나 상이라도 받으면 나는 어린 마음에 혹시 아빠 덕은 아닐까 하는 생각이 들기도 했다.

딸에게 물은 적이 있다. "엄마가 교사라서 좋았던 적은 한 번도 없었어?" 딸은 곰곰히 생각하더니 뇌리에 강하게 박혀있는 어떤 날을 이야기했다.

딸이 예닐곱 살 때였다. 학교에 주 5일제가 완전히 정착되기 전이라서 격주로 토요일 수업을 할 때였다. 출근은 해야 하는데 남편까지 일이 생겨 어디 맡길 데가 없어서 할 수 없이 아이를 데리고 출근했다. 네 시간 수업만 버티면 되니 교실의 내 책상에 앉혀놓고 수업을 할 심산이었다. 하지만 그렇지 않아도 들뜬 토요일인데 학급 아이들에게 내가 이벤트를 제공한 셈이 돼버렸다.

6학년 아이들은 교실에 어리고 귀여운 생명체가 왔다며 호들갑이었다. 아침 독서 시간에 책은 펼쳐놓았지만 눈으로는 딸의 일거수일투족을 관찰했다. 수업 시간에는 꼼지락거리는 딸에게만 집중했다. 안 되겠다 싶어서 과제를 다하면 귀여운 생명체가 도장을 찍어줄 것이라고 했다. 평소에 과제를 밥 먹듯 안 하던 아이까지 아이에게 검사 도장 받으려고 열심히 하는 모습이 얼마나 웃기던지. 내 기억에도 생생히 남아있고 아마 제자들의 기억에도 남아있지 않을까 싶다.

딸은 그날 도장을 찍어줄 때 기분을 아직도 잊지 못한단다. 자기보다 몇 배는 덩치 큰 애들이 왕에게 옥쇄 도장 받으려는 듯 공책을 내밀었으니 여왕이라도 된 기분이었다나. 그날 외에는 딱히 기억나지 않고 오히려 안 좋은 마음이 더 많았다는 생뚱맞은 고백을 했다. 엄마가 다른 애들을 예뻐하거나 많은 애들이 "선생님"이라고 부르는 모습에서 질투가 났다면서.

나도 내 직업이 내 자녀에게 도움이 되면 됐지, 실이 될 일은 없을 것이라고 예상했다. 하지만 현실이 꼭 그렇지만도 않았다. 학교 돌아가는 사정을 안다고 해서 크게 득이 될 일도 없다. 그저 조금 더 미리 알고 있을 뿐 다른 엄마들이 겪는 사정과 똑같다. 내 학교 일에 정신을 뺏겨서 신경 쓸 새가 없기도 하고, '학교가 다 그렇지 뭐' 하면서 오히려 내 아이 학교에는 신경 쓰지 못할 때도 많았다.

다른 워킹맘들과 똑같이 안팎으로 챙길 일이 많았다. 정신줄을 잠깐 놓은 날엔 안내장 회신을 제날짜에 챙겨 보내지 못하기도 했다. 지금은 안내장 앱으로 받아서 바로 회신하는 편리한 시스템이지만, 그것이 완전히 정착된 것도 펜데믹 이후의 일이다. 이전에는 종이 회신서를 꼭 제출해야 하는 안내장이 많았다.

그때만 해도 담임의 중요한 업무 중 하나가 안내장 회신서 통계였다. 담임은 학생 한 명도 빠트리지 않고 종이 회신서를 받아 학급 통계를 내야 한다. 그것을 업무 담당자에 보고해야 하고 학교는 전체 통계를 내서 다음 일을 추진할 수 있다. 학급에서 꼭 한두 명은 회신서를 정해진 기한 내에 가져오지 않는다. 그러면 학급 통계는 펑크가 나고 연쇄적으로 학교 전체 일정이 어그러져 담임은 난감하다. 그런데 내가 학부모가 되고 나서야, 왜 엄마들이 가끔 회신서를 챙겨 보내지 못하는지 뼈저리게 실감했다.

이런 경험은 교사로서의 관점을 크게 바꾸어 놓았다. 교사들 사이에 그런 말이 있다. 내 자식을 낳으면 교사로 다시 태어나고, 학부모가 되면 또 다시 거듭난다고. 학부모가 돼보니 그전에는 몰랐던 학부모로서의 고충, 학교에 대한 어려움이나 우려를 이해할 수 있었다.

엄마가 교사인 게 과연 좋기만 할까. 학교가 재미있다는 아이도 교실에서 마냥 편하지는 않다. 종일 선생님 시선에서 자유롭지 못했는데 집에 오니 선생님이 또 있다. 엄마 말투는 선생님 말투이고 자신을 바라보는 눈길이 엄마인지 선생님인지 모르겠다.

내가 아이들을 키울 때 다짐한 것 중의 하나가, '나는 집에 오면 교사가 아니라 엄마여야 한다'였다. 하지만 아무리 스스로 최면을 걸어도 경력이 10년이 지나고 20년이 넘으면 직업병에 걸린 듯 어떻게 해도 교사다운 말과 행동이 나온다. 내 자녀를 내 반 아이처럼 바라보거나 학생을 대하는 듯한 말이 튀어나오기도 한다. 퇴근하면서 교사라는 옷을 완전히 벗으려고 해도 몸에 깊이 배어있는 습관을 깨끗이 지우기는 어렵다. 그러니 아이 입장에서는 교사 엄마가 마냥 좋기만 할 일도 아니다.

그렇다면 자녀의 학습지도에는 도움이 될까. 학교 가기 전에 읽기, 쓰기, 기초 셈 정도까지는 도움이 될지는 모르겠다. 아니면 크게 양보해서 저학년까지는 끼고 앉아 가르치면 결과가 어느 정도 나올 수도 있다. 하지만 사춘기가 되면, 다시 말해 고학년으로 넘어가면서부터는 아이 스스로 공부하지 않으면 성과가 나오지 않는다. 엄마가 교사가 아니라 교장이나 교육부 장관이라고 해도 공부 싫다는 아이를 끼고 앉아 시킬 수는 없다. 부모가 교사인 아이들이 뭔가 유리하지 않을까 하지만 그렇지도 않다. 부모가 어떤 직업이든 아이 공부는 아이의 몫이지 부모의 몫이 될 수는 없다.

적어도 숙제나 수행평가는 엄마가 교사니까 아이들에게 도움이 되지 않았냐고 할 수도 있다. 나는 아이들이 학교에 들어가면서부터 '숙제는 아이들 몫이니 관여하지 않겠다'라고 마음먹었다. 어렵다고 아이가 도움을 청하면 방법에 대해 조언을 해준 적은 있다. 슬쩍 힌트만 흘려주는 정도였고 되도록이면 스스로 찾아서 해결하게 했다.

내가 교사였으니 아이들 숙제를 어떻게 해가면 선생님께 좋은 평가를 받을 수 있는지 누구보다도 잘 알고 있었다. 수행평가도 내가 나서서 도와주면 얼마든지 좋은 점수를 받을 수 있었다. 하지만 엄마가 도와주지 않으면 숙제도 수행평가도 하지 못하는 아이로 키우고 싶지 않았다.

교사 관점에서 빈 구멍이 들여다보여도 그대로 뒀다. 숙제를 안 하면 문제지만 이미 성실히 했으면 그걸로 충분했다. 내 욕심 채우자고 시켜서는 안 될 일이고, 그 정도가 보통 아이들 수준이었고 그 정도면 됐다 싶었다. 중고등학교에 가서도 숙제, 수행평가, 시험 등을 스스로 챙긴 건 당연하다. 가끔 깜빡하고 빼먹을 때도 있고 결과가 기대에 못 미치기도 했다. 가물에 콩 나듯 잘해서 성취감을 느껴보기도 했다.

내가 도와줬다면 잠깐 좋은 결과가 나올 수는 있다. 하지만 아이들도 누군가의 도움으로 얻은 성취에서는 온전한 성취감을 느끼지 못한다. 아이가 스스로 해보고 부족한 점도 느껴봐야 '다음엔 이렇게 해야겠구나' 하며 궁리한다. 그런 경험이 성장하는 과정이며, 그 과정에는 성공의 경험도 필요하지만 못지않게 여러 번 실패해보는 경험도 필요하다.

충분히 실수해보고 실패해봐야 한다. 성공이란 한 번에 주어지는 것이 아니라는 것을 어릴 때부터 알아야 한다. 별다른 발전이 없는 지루한 정체기에도 불구하고 꾸역꾸역 하고 난 끝에 겨우 주어지는 열매가 성공이다. 몇 번의 실패를 반복한 후에 혼자 힘으로 문제를 해결하고 성공하는 경험은 도파민이 나올 정도로 짜릿하다. 스스로도 대견하고 뿌듯하다. '나도 할 수 있구나, 해냈구나' 하는 자기 효능감을 느끼며 그 순간 자존감이 올라간다. 누가 시키지 않아도 다음에는 더 잘하고 싶은 마음이 들며 삶의 의욕은 그렇게 만들어진다.

엄마에게 의존하는 삶이란 얼마나 무기력한가. 교실에서 그런 아이들을 봤기 때문에 더더욱 그렇게 하지 말아야겠다고 다짐했다. 그러고 보면 내가 교사라서 아이들에게 도움이 된 것은 많은 아이들과 학부모를 만나면서 깨달은 것이 많다는 점이다. 한참 사춘기의 정점을 향해 달려가는 아이들 중에도 누가 봐도 흐뭇한 아이가 있다. 그 엄마를 만나면 대번에 "대체 어떻게 키우셨나요?"라며 비법을 묻고 싶은 아이 말이다. 그런 엄마들의 양육 방식까지는 자세히 모르지만 25년 넘게 현장에서 모은 데이터에 의하면 대체로 비슷한 점이 발견된다. 대개 엄마 자신이 정서적으로 안정적이며 성품이 온화하고 겸손하다. 자녀에게 모자라지도, 지나치지도 않게 관심을 두며 자녀에 대한 신뢰가 두텁다.

　내가 교사 엄마지만 아이들에게 도움이 된 점은 거의 없다. 도와주려고 마음을 먹었다면 얼마든지 도와줘서 당장에 좋은 결과가 나오게 만들 수도 있었지만, 내 직업을 아이들에게 유리한 방편으로 활용하고 싶지는 않았다. 엄마가 있든 없든 상관없이, 스스로 해결해야 할 과업이라면 스스로 해야 한다. 양육의 목표인 독립적인 성인으로 키우기 위해서라면 그 방법이 맞다고 여겼다.

　교사라는 직업을 내려놓고 엄마로서 내 아이를 바라보려고 노력했다. 그래서 딸이 엄마가 교사라서 좋았던 점은 거의 없었다고 말할 때, 나는 오히려 기뻤다. 내 의도가 성공했음을 의미하니까. 내가 아이들에게 줄 수 있는 선물은 자신의 힘으로 세상을 살아갈 수 있는 능력을 만들어주는 것이었다.

아이를 위한 긴급출동은 그만
스스로 선택하고 책임질 수 있는 힘이 필요하다

1교시 수업을 시작하려는 찰나 뒷문이 스르르 열린다. 한 엄마가 빼꼼히 머리를 들이민다. 엄마는 수업을 방해하는 것이 못내 미안한지 몸을 웅크리지만, 이미 모든 아이의 시선이 엄마에게 가서 꽂힌다. 누군지 묻기도 전에 한 아이가 벌떡 일어나 뛰어가서는 뭔가를 건네받아 급히 책상 서랍에 밀어 넣는다. 아이는 숙제나 준비물을 챙겨오지 않았고, 아이에게 연락받은 엄마는 긴급출동을 했군. 상황 파악이 끝난다.

요즘은 안 챙겨와도 잘못인지 모르는 아이들이 많아서 이런 모습도 거의 사라졌지만 수년 전만 해도 흔히 있던 일이다. 이런 긴급출동은 집에 있는 엄마라야 가능한 일이지 워킹맘은 꿈도 못 꿀 일이다. 하지만 아이가 고학년이 되면 전업맘이라도 긴급출동하는 일은 거의 없다. 그 사이에 엄마들이 모두 취직한 것이 아니라, 이제는 컸으니 네가 알아서 하라는 거다. 그렇다면 워킹맘이 아이한테는 습관들이기에는 좋은 조건일 수 있다. 긴급출동이 불가능한 엄마를 둔 아이는 미리 잘 챙겨오든가 안 챙겨왔으면 스스로 책임을 져야 하니 말이다.

내가 어릴 때 엄마는 항상 집에 계셨지만, 갑자기 비가 쏟아져도 우산을 가져다준 적이 없다. 일부러 강하게 키우려고 그러셨는지는 몰라도 나는 그런 엄마가 야속했다. 그런 기억 때문인지 아이들이 어릴 때는 근무 중에 갑자기 비라도 쏟아지는 날이면 우산이 없어서 당황할 아이를 생각하며 괜스레 짠했다. 하지만 이런 내 마음이 무색하게도 아이들은 친구와 함께 우산을 쓰거나 다른 도구를 이용해서 요령 좋게 비를 피해 하교했다. 혼자서 감상에 빠졌던 걱정스런 마음이 머쓱했다. 아이들은 그렇게 세상살이를 배워가고 있었다.

인간의 가장 기본적인 도리는 유치원에서 모두 배운다. 더 이상 배울 것이 없을 정도로 예의범절과 생활 태도를 배운다. 그런데 배웠다고 바로 할 수 있는 것이 아니다. 거의 매일 익혀서 몸에 배게 해야 한다. 실수와 실패와 성공을 반복하며 습관으로 굳어지도록 해야 한다.

내 아이들도 유치원에서 배운 경험을 바탕으로 초등학교에 들어가면서부터 기본생활 습관을 들이기 시작했다. 입학 선물로 알람 시계를 사주고 엄마는 아침에 깨워주지 않겠다고 하고 아이들이 스스로 일어나기로 약속했다. 일어나는 문제로 다투면서 아침을 시작하고 싶지 않았다. 그래서였는지 아이들은 고등학교를 졸업할 때까지 늦었다고 헐레벌떡 등교한 적이 거의 없다.

아침에 일어나서 씻고 밥 먹고 시간에 맞춰 등교하는 루틴은 스스로 해야 할 일이라고 학교에 입학하기 전부터 일러두었다. 나도 출근하려면 준비하느라 바빴으니 아이들 등교 준비에 시간을 쏟을 수 없어서 그랬기도 했지만 만약에 전업맘이었다고 해도 똑같이 했을 거다. 멀리 보면 학교에 다니는 12년 동안 해야 할 기본생활 습관이었기 때문에 처음부터 확실히 해둬야 할 일이라고 생각했다.

시간 관리하는 방법이야말로 어릴 때부터 꼭 익혀야 하는 습관이다. 학교에서 녹초가 된 몸으로 퇴근해서 저녁 식사 준비를 한 뒤 밥을 먹고 나면 그걸로 끝이 아니다. 그 후에도 나는 내 손을 기다리는 자질구레한 집안일을 해야 한다. 그런 상황이니 매일 아이들 숙제를 일일이 봐주기도 벅찼다. 몇 시까지는 그날 과제를 마치겠다는 약속 시각만 아이들과 함께 정했다. 그 시간 안에서 어떤 순서로 무엇을 할지는 전적으로 아이들에게 맡졌다. 나는 정해진 시간이 되면 체크 표만 확인했다. 그렇게 1년 가까이하고 나니 아이들 모두 스스로 시간 관리와 과제 관리를 할 수 있게 됐다.

가끔 약속 시각이 될 때까지 노는 데 정신이 팔려서 과제를 못 하는 날도 있었다. 시간 관리를 가르칠 수 있는 절호의 찬스다. 못한 이유가 뭔지 아이에게 묻는다. 중요한 일을 먼저 하지 않았기 때문이다. 내일부터는 하기 싫지만 중요한 일을 1번으로 해보자고 한다. 보통 그다음 날은 과제를 제일 먼저 한다. 기분이 어땠느냐고 묻는다. 당연히 다 해 놓고 나서 노니 마음이 가볍다는 말이 나온다. 강하게 뇌리에 박히도록 격하게 칭찬한다. 성공과 칭찬 경험을 여러 번 반복한다. 결국 체크 표가 없어도 해야 할 일을 먼저 해야 마음이 편한 아이들이 되었다.

돈 관리도 습관이니 어릴 때부터 익혀야 한다. 그러려면 용돈을 매일, 매주 지급하기보다는 월급제로 주는 것이 낫다고 생각했다. 두 아이 모두 처음에는 용돈을 받고 영락없이 채 한 달도 못 가고 다 써버렸다. 처음부터 돈 관리를 잘할 거라는 예상은 하지 않았다. 나는 오히려 돈을 다 쓴 후에 오는 허탈함을 느껴보길 바랐다. 돈을 계획 없이 써서 막상 필요할 때는 돈이 없어 곤궁에 처해보는 경험은 소중하다. 그런 경험이 돈 관리 방법을 배우는 기회이고, 몇 번 겪어보면 돈을 분배해서 써야겠다고 다짐한다. 다짐해도 습관으로 정착되기까지는 시간이 걸리지만 지켜보면서 기다려줘야 한다.

영아기 때는 내가 대부분을 결정하고 공급해주어야 했다. 그러다 스스로 할 수 있는 것들이 생기기 시작하면서부터는 나의 개입을 줄이면서 아이들 자신의 마음으로 선택하고 결정하도록 했다. 자기 스스로 선택하고 결정하고 자기 결정에 책임져봐야 다음엔 더 나은 선택을 하게 된다. 독립적인 성인으로 키우기 위해서는 공부보다 중요한 문제였다.

아주 어릴 때부터 옷을 다 입고 양말은 네가 고르라고 하거나 식당에 가서 메뉴를 고를 때도 스스로 선택하게 하는 등 사소한 일부터 스스로 결정하게 했다. 메뉴를 골랐는데 자기가 예상한 맛이 아니라서 실망했다면 다음에는 다른 메뉴를 선택하면 된다.

아이들에게 공부의 주도권을 넘긴 후에는 학원을 다녀야 하는지, 다닌다면 어떤 학원에 다닐지 스스로 선택하게 했다. 백지 상태에서 아이가 스스로 알아보기는 힘든 일이다. 내가 먼저 학원 정보를 비교 분석해서 몇 개의 보기를 추려 아이에게 제시하면 결정은 아이가 했다.

중고등학교에 진학하면서 학교 희망 순위를 정하는 일도 아이들 스스로 했다. 나도 여러 루트로 정보를 수집했지만, 친구들끼리 주고받는 정보도 상당히 많다. 학교마다 장단점을 함께 분석하고 최종 선택은 아이들이 스스로 했다. 본인들이 가장 희망한 학교에 배정받아서 만족스럽게 잘 다녔다.

아이 스스로 선택과 결정을 하다보면 좋은 결과를 가져올 수도 있지만, 예상과는 다른 결과로 낭패를 보는 수도 있다. 신중하지 않아서일 수도 있고 과정에서 예상치 못한 변수가 작용하기도 한다. 아이도 실망이 크고 열패감을 느낄테니 누구도 원망할 수 없다.

"그러게, 내가 그러지 말라고 했지, 네가 그랬으니까 그런 거 아니야."라는 비난이나 힐책은 하지 않았다. "그럴 줄 알았다." 하며 비웃거나 무시하지도 않았다. 결과를 인정하고 담담히 받아들이도록 했다. "그럴 수도 있는 거야. 의도치 않은 결과를 가져올 때도 있어. 속상하겠지만 이게 실패는 아니야."라고 말해주었다.

큰애가 대학 입시 원서를 쓰면서 지원하는 학교와 학과를 정할 때도 아이의 의견을 존중했다. 나도 정보를 모았지만, 미대 입시는 정보가 제한적이라서 분석이 쉽지는 않았다. 하지만 무엇보다 아이 자신의 의견이 중요하다고 판단했고 아이도 그러기를 원해서 최종 선택은 아이가 했다.

요즘은 작은애 대학입시 원서접수 기간이다. 주위 선생님들과 부모 의견을 참고해서 최종적으로 지원하는 학교와 학과 선택은 아이의 의견을 따른다. 아이 인생의 주도권은 아이 자신에게 있다고 생각하기 때문이다. 부모가 정해주는 것이 아니라 아이 자신의 선택일 때 더욱 최선을 다하는 모습을 어릴 때부터 봐왔다.

아들이 유치원에 다닐 때였는데 꽃샘추위 무렵이었다. 아침에 출근하는 길에 등원시켜야 하니 눈코 뜰 새 없이 바빴다. 옷이 한결 가벼워지는 계절이었는데 아들은 겨우내 입고 다니던 두꺼운 패딩점퍼를 입겠다고 고집을 부렸다. 네 결정에 책임지라는 심정으로 군소리 없이 등원시켰다. 그렇게 며칠 입고 다니더니 이내 "엄마 너무 더워."하면서 얇은 점퍼를 골라 입었다.

말로 가르치는 것보다 경험에서 얻는 교육적 효과가 더욱 크다. 두꺼운 점퍼를 입기엔 더운 날씨라는 설명을 길게 하지 않는다. 당장 큰일 나는 것도 아니니 일단 입고 가게 한다. 이렇게 입혀 보내면 다른 사람들이 엄마를 어떻게 생각할까는 중요하지 않았다. 아이가 스스로 날씨와 옷의 상관관계를 느끼게 하는 것이 더 중요했다. 이 방법이 무언가를 가르치는 데 가장 시간이 덜 걸리고 각인 효과가 크다.

땀이 삐질삐질 나 봐야 날씨에 맞는 옷을 입어야 쾌적하다는 것을 알게 된다. 다음날 다시 두꺼운 패딩을 선택하지는 않는다. 아이 고집을 꺾어서 얇게 입혀 보냈다면 아이는 날씨와 옷의 상관관계를 깨닫기 전에 엄마에게 반감부터 생겼을 것이다. 왜 제일 먼저 숙제부터 해야 하는지, 왜 용돈을 계획적으로 써야 하는지 굳이 설명하지 않았다. 몸소 실패의 경험을 하게 했다. 스스로 실패를 돌아보고 다음에는 같은 행동을 결정하지 않으면 될 일이다.

자신의 행동에 책임지는 연습은 어릴 때부터 해야 한다. '세 살 버릇 여든까지 간다'라는 속담을 말하지 않더라도, 어릴 때의 습관은 그대로 굳어진다. 선택하고 결정하고 책임지는 일련의 과정도 습관이다. 아이에게 '너가 알아서 좋은 습관을 들여야지' 하는 건 부모의 직무 유기일지도 모른다. 사춘기 이전까지는 확실한 습관으로 굳어지도록 부모가 도와주어야 한다.

지나치게 신중해서 고민의 시간이 길어지기도 하고 너무 성급하게 결정할 때도 있다. 옆에서 보기에 답답하고 속이 터져도 일단은 지켜본다. 결코 실패하지 않는 선택을 하려는 것이 아니라 자기 결정에 책임지는 연습이다. 스스로 책임을 짐으로써 다음번에는 좀 더 심사숙고해서 신중한 선택을 하려는 목적이다. 몇 번의 실패를 경험하다 보면 자신이 감당할 수 있을지 궁리하면서 결정하는 사고의 프로세스가 생긴다. 어릴 때부터 그런 연습을 해왔기 때문에, 자신이 다닐 학원을 선택할 수 있었고, 진학할 상급 학교를 결정할 수 있었다. 어른이 대신 결정해주지 않았기에 어른의 틀 안에 가두지 않는 아이들의 경험은 곧 확장이었다.

어른들도 잘못된 결정을 할 때가 많으며 결과에 책임지며 살아간다. 아이들도 똑같다. 어릴 때부터 선택하고 결정하고 책임지는 경험을 하지 못한다면 성인이 돼서 크고 중요한 일은 어떻게 결정할까. 시행착오를 겪는다면 작은 일에서 겪는 편이 낫지 않을까. 이렇게 연습해도 어떤 변수가 기다리고 있을지 모르는 것이 인생이다. 그렇기에 더욱 뒷일을 고려해서 결정하고 책임지기를 바랐다.

한 번의 실패도 없는 완벽한 인생은 없다. 실수했다고 비난할 필요도 무시할 필요도 없다. 부모가 하는 일은 아이가 어떤 선택을 하더라도 믿어주는 것이다. 아이 인생의 주도권은 아이 것이기 때문이다.

"친구들이랑은 잘 지내고 있어?"
엄마도 함부로 끼어들 수 없는 자녀의 친구 관계

학생의 생활지도에 대한 고충을 호소하는 선생님들이 요사이 급격하게 늘어나고 있다. 이미 기성세대인 교사들은 아이들의 변화 속도를 따라잡기 벅차고 내 자식이 소중한 학부모들은 눈에 불을 켜고 학교를 예의주시한다. 잊을만하면 학교폭력 사건이 들리니 아이들 관계 문제에 교사도, 부모도 촉을 세우고 집중하게 된다.

큰애가 4학년이 될 때까지 내가 근무하는 학교에 데리고 다녔다. 함께 다녀서 좋은 점도 있었지만, 아이가 고학년이 돼도 동네 친구가 없으니 주말에 함께 놀 친구가 없었다. 그래서 5학년이 되면서 집에서 가까운 학교로 전학을 시켰다. 전학한데다가 고학년이라서 걱정스러운 마음에 가끔 학교생활을 물었다. 항상 괜찮다고 해서 큰 문제가 없는 줄로만 알았다. 그러던 어느 날 아이가 친구들 사이의 갈등을 어떻게 해결해야 할지 진지하게 물어왔다. 평소 속 얘기를 잘 하지 않던 아이가 먼저 물어오니 심각한 문제인가 싶었다.

이야기를 자세히 들어보니 그 나이 또래 여자아이들 사이에서 흔히 있는 그룹 안의 문제였다. 나는 학교에서 여자아이들 여러 명이 무리 지어 놀다가 크고 작은 갈등을 겪는 사례를 많이 봤다. 담임선생님께 도움을 청할 정도까지는 아니었지만, 아이로서는 인생에서 처음으로 부딪힌 관계 문제였으니 나름 심각했다. 갈등 해결 방법을 찾지 못한 딸에게 나의 어린 시절 이야기를 들려주었다.

딸과 똑같이 나도 초등학교 5학년 때 일이었다. 학년 초에는 여자아이들 전체가 다 같이 친했다가 어느 날부터 두 명의 친구를 중심으로 각각의 패거리가 만들어졌다. 내가 끼어있던 그룹 이름은 '은빛 날개'였고 활동 수첩도 있었다. 각자 착한 일을 일주일에 하나씩 하고 발표를 하기로 했다. 우리는 리더 친구 집에 모여 일주일에 한 번씩 정기적으로 회의도 했다. 딸은 배꼽을 잡고 웃었지만, 당시 우리는 몹시나 진지했다.

그러던 어느 날 양쪽 그룹은 서로의 심기를 건드렸는지 출사표가 던져지고 싸움이 붙었다. 그런데 여자애들 30명이 모여 담

판을 지을 장소가 마땅치 않았다. 버젓이 보이는 운동장에서 만났다가는 단박에 선생님 눈에 띌 테니, 교실 건물과 따로 떨어진 외부에 있는 화장실 뒤편 숲에서 만나기로 했다. 수업이 끝나기만을 기다렸다가 냄새가 나건 말건 화장실 뒤편으로 모였다. 두 그룹은 마주 보고 대치했고 리더였던 두 친구가 한발씩 앞으로 나와 주거니 받거니 말싸움이 시작됐다. 조금 그러다 말 줄 알았는데 점차 양쪽의 목소리가 격앙되며 몸싸움이라도 벌어질 듯한 분위기였다.

그 순간 벌컥 묵직한 저음이 들렸다. "너희들 거기서 뭐 해." 담임 선생님이었다. 우리는 그 자리에서 교실로 끌려갔다. 선생님은 일찍부터 우리 관계를 눈치채셨고 예의주시하던 중에 현장범으로 검거했다. 다음날부터 우리는 수업이 끝나고 학교에 남아 선생님이 주신 과제를 다 하고 나서야 집으로 돌아갈 수 있었다. 당시엔 학원 금지로 방과 후에 갈 곳도 없었고, 자식 공부 시켜 주시는 선생님께 감사할지언정 항의하는 부모는 없었다. 며칠 지나자 아무 일도 없었다는 듯이 이전의 모두 친했던 관계로 돌아갔다.

어느 때는 그룹 안에서 돌아가면서 따돌리는 일도 있었다. 주도적인 아이가 특별한 이유는 없지만, 괜히 마음에 안 드는 누구 한 명을 지목한다. 그러면 다 같이 지목당한 아이에게 말을 안 걸거나 물어도 대답을 안 해주는 식이었다.

　어느 날부터는 내 순서가 왔는지 친구들이 나를 따돌리는 듯한 느낌을 받았다. 나와 가장 친했던 친구 한 명이 슬며시 알려주었다. "애들이 너랑 말하지 말라고 해서 나도 어쩔 수 없어."라고 하는데 세상이 뒤집히는 기분이었다. 이유 없이 미움받는 기분은 태어나서 처음이었다. 세상이 깜깜해지며 나 혼자만 뚝 떨어진 외톨이가 된 기분이었다. 엄마한테도 말하고 싶지 않았다. 오래가지 않아 원래 관계로 돌아오긴 했지만, 그때의 배신감과 상처는 쉽게 잊히지 않았다.

　나는 그 일이 있기 전까지만 해도 친구라면 마냥 다 좋았는데 처음 느낀 인간관계의 생채기였다. 아프긴 했지만, 인간을 바라보는 경계가 확장됐다고 할까. '이런 애들도 있구나' 하면서 관계에서 한발 물러나 친구들을 바라보게 됐다. 그 후로는 친구를 사귈 때 찬찬히 들여다보며 조심스러워졌다. 썩 기분 좋은 경험은 아니지만, 여자아이들에겐 마치 인생의 관문인 듯 사춘기 즈음에 비슷한 경험을 한 번씩 한다. 여자로 한정하는 이유는 남자아이들에게는 이런 현상이 거의 보이지 않기 때문이다. 남자아이들은 아침에 싸운 친구와 집에 갈 때 어깨동무를 하고 간다. 그러다 간혹 한 방에 크게 터지기도 하지만 말이다.

딸은 〈응답하라〉 드라마라도 보듯이 내 얘기를 재미있게 듣더니 엄마도 어릴 때 자신과 비슷한 일을 겪었다는 사실에 안도하면서 얼굴이 편안해졌다. 나는 아이에게 말했다.

"친구들에게 솔직하게 말해보는 건 어때. 그게 힘들면 진심이 담긴 편지를 써보는 것도 괜찮고. 그렇게 해도 해결이 안 되거나 엄마 도움이 필요하면 언제든지 얘기해."

선생님 도움이 필요하면 말씀드리라고 했더니 아이는 그 정도는 아니라고 했다. 시시콜콜 모든 일에 도움을 청하는 저학년에 비하면 이맘때 아이들은 선생님 도움받기를 꺼리는 편이다. 가만히 두면 자연스럽게 해결될 일이었는데, 자칫 원치 않은 방향으로 굴러가서 눈덩이처럼 커지는 일도 가끔은 있기 때문이다.

그 후로 여간 신경이 쓰이는 게 아니었다. 힐끗거리며 아이 표정이나 행동을 티 나지 않게 살폈다. "친구들이랑은 어때?" 하며 무심코 지나치듯 물어보기도 했고, "요즘 힘든 거 없어?" 하며 아이 마음을 살폈다. 조금 시간이 걸리긴 했지만 아무 일 없었다는 듯 그 일은 지나갔다. 그 후로도 가끔 학교생활이나 친구 이야기를 지나가듯 물었다. 끝에 이 말을 꼭 덧붙였다. "엄마는 항상 네 편이야. 언제든지 얘기해."

사춘기 아이들의 친구 관계는 담임조차도 개입하기가 조심스러울 정도로 난해한 문제다. 6학년을 담임하던 어느 해였는데 여학생들이 한 친구를 따돌리는 일이 있었다. 방과 후에 여학생들만 모두 남겨 허심탄회하게 이야기를 나눴고 아이들이 마음의 응어리가 풀린 듯 보였다. 하지만 아이들의 진짜 속마음은 그렇지 않았고, 그 일은 일 년이 다 가도록 해결하지 못했다.

그때 나는 아이들 관계라고 해서 함부로 어른이 나서서 연결해주지 못한다는 점을 깨달았다. 아이들 관계니 어른이 개입해서 해결하면 되지 않을까 하는 판단은 얼마나 섣부른지. 아이들 관계도 어른들만큼이나 복잡 미묘해서 억지로 연결하려고 했다가는 더 큰 부작용이 발생한다. 아이들 사이도 물과 기름처럼 도저히 어우러지지 않는 관계가 분명히 존재한다.

나는 마음이 맞지 않는 친구들과의 관계로 고민하는 아이들에게 이렇게 말한다.

"세상 사람에는 여러 유형이 존재하고 모든 사람이 나랑 맞을 수는 없어. 나와 맞지 않는 친구와 억지로 맞추려고 노력할 필요는 없어. 맞지 않는 사람과 친하게 지내라고 강요하지는 않아. 하지만 그다음이 중요해. 나와 맞지 않을 뿐이지, 틀린 게 아니야. 나와는 다른 사람인 거지. 다르다고 틀린 것은 아니야. 서로의 다름을 인정하고 존중해줘야 해. 내가 존중받고 싶다면 나도 존중해줘야지. 그러니까 나와 맞지 않는 친구라는 이유로 괴롭힌다면 내가 잘못하는 거야.”

 아이들은 억지로 노력하지 않아도 된다거나 달라도 존중받을 수 있다는 말에 안심하며 편안해지는 듯 보였다.

 아이들은 자주 어울려 노는 친구들이 있게 마련이고 그 안에서 어떤 식으로든 크고 작은 갈등을 겪는다. 친구와 갈등이 생기면 아이 마음은 힘들다. 내 마음을 몰라주는 친구가 밉고 야속하기도 하고 화가 나기도 하면서 밤잠을 설치기도 한다. 그런데 곰곰이 생각해보면 친구만 잘못한 게 아니라 나도 잘못한 구석이 있는 것 같기도 하다. 며칠 서로 토라지거나 서먹하게 지내다가 누구 한 명이 슬쩍 말을 걸면 언제 그랬냐는 듯 스르르 풀리면서 다시 어울려 논다. 또는 누군가 사과하면 나도 미안했다면서 다시 친하게 지내곤 한다.

 그런 과정을 겪다 보면 저절로 알게 된다. 친구들을 대할 때 어떤 말과 행동을 조심해야 하는지. 선생님이나 부모님이 특별히 가르쳐 주지 않아도 친구들과의 소소한 갈등을 해결하는 과정을 통해서 자연스럽게 터득하는 것이 인간관계다.

 아이의 친구 문제에 나서서 해결하려 드는 엄마들을 간혹 본다. 심각한 문제가 인지되면 그럴 수도 있다. 하지만 그맘때 아이들 관계에서는 흔히 일어날 만한 갈등인데도 불쑥불쑥 아이

관계에 개입하는 엄마들이 있다.

한번은 그런 엄마의 아이를 연임(2년 연속)으로 담임한 적이 있다. 친구들 사이에 그 엄마의 개입이 자주 반복되다 보니 아이들도 이미 다 알고 있었다. 반 아이들은 예민한 엄마한테 무슨 말을 들을지 몰라서 일부러 그 아이와 놀지 않으려고 피했다. 담임인 내 눈에도 뻔히 보였지만, 아이들을 구슬려서 그 아이와 억지로 놀게 할 수도 없었다. 어른들 생각처럼 아이들 인간관계가 그리 단순하지 않다. 친구들은 그 아이의 주위를 떠나가고 있었지만, 그 엄마는 전혀 모르고 있었다.

내 아이의 친구 관계에 예민하게 반응하며 엄마가 직접적으로 끼어들면 어떻게 될까. 허수아비가 새를 쫓아내듯이 친구들이 아이 곁에 얼씬거리지 못하게 하는 효과는 있다. 하지만 아이는 외톨이가 될 테고 관계적 갈등을 해결하는 방법을 배울 수 있는 기회까지 다 쫓아버리게 된다.

자녀의 친구 관계는 아이의 사회생활이라서 엄마가 해결하는 데는 한계가 있다. 모든 상황을 엄마가 알 수 없기도 하거니와 아이들은 대개 자신의 처지에서 말하므로 자신에게 유리하게 말하기 쉽다. 아이의 느낌이 진짜 맞는지, 과민한 피해의식은 아닌지, 내 아이가 가해자는 아닌지 여러 방면에서 확인하고 살펴야 한다.

아이들 관계에 촉을 세우고 민감하게 지켜보는 것은 학부모나 교사나 모두 마찬가지다. 학부모는 내 아이가 피해자가 되지는 않을까 걱정스럽고, 교사는 내 학급에서 불미스러운 일이 일어나지는 않을까 노심초사한다. 나는 교사이면서 엄마였으므로 양쪽 모두의 입장을 경험했고 한때는 학교에서 학교폭력 업무를 담당하기도 했다.

입시 설명회에서 전문가에게 들었던 학교폭력 이야기는 요즘 학교의 실태를 여실히 알려주었다. 어느 고등학교에 학교폭력 신고가 들어왔다. 고등학교 2학년 남학생들 사이에서 일어난 일인데 두 아이는 1학년 때부터 친한 베프였다. 한 아이가 다른 아이 뺨을 때렸고 맞은 아이는 선생님께 학교폭력위원회를 열어달라고 신고한 것이다. 학교에 신고가 들어오면 즉시 사건을 접수하고 조사에 들어가야 하는 것이 매뉴얼이다. 조사하는 과정에서 왜 때렸는지 물었더니 때린 아이 말이 상대 아이가 1학년 때부터 자신을 가스라이팅 했다는 것이다. 양쪽 엄마에게 의견을 물었더니 맞은 아이도 억울하고 가스라이팅 당했다는 아이도 억울하니 양쪽 모두 학교폭력위원회를 열어달라고 했단다. 문제가 심각해지자 양쪽 아버지들이 학교로 방문했다. 그때 한쪽 아버지의 한마디로 바로 사건이 종결됐다고 한다. 그 말인 즉슨 "애들 대학은 보내야 하지 않겠습니까?" 였다. 어느 쪽이든 처벌을 받게 된다면 생활기록부에 기록이 남을 테고 그렇게 되면 학생부종합전형에서 불리하니 여기까지만 하고 접자는 뜻이었다. 그렇게 씁쓸하게 마무리되었다고 한다.

이 이야기만 듣고 판단하기에는 자칫 섣부를 수 있지만, 처음부터 서로의 입장을 들어보고 조금씩 양보하고 사과하고 끝냈다면 훈훈했을 것이다. 실제로 학교에서는 이런 일이 자주 일어난다. 특히 학교급 중에서 가장 많은 학교폭력 신고가 접수되는 곳은 초등학교다. 접수된 사건 중에서 정말 '폭력'이라고 부를 만한 일은 채 10%도 되지 않는다. 예전 같으면 아이들끼리 사과하고 화해할 만한 일이나 학부모끼리 사과하고 용서하고 끝날 만한 일도 많다. 물론 폭력이란 사소한 일에서부터 시작된다는 점을 간과해서는 안 된다. 그리고 소수의 폭력일지라도 이러한 절차를 거쳐서 발본색원해야 한다는 주장도 일리는 있다.

하지만 학교폭력위원회가 열리는 과정은 철저히 사무적이고 도식적이다. 재판정을 방불케 할 정도로 차갑다. 상대의 입장을 헤아려본다거나 자비를 베푸는 일 따위는 없다. 내 아이를 위해서라도 조금도 양보할 수 없고 상대에게는 무거운 벌칙이 내려져야 한다. 서로에 대한 원망, 분노, 비난을 퍼붓는 당사자들도 괴롭겠지만 그것이 난무하는 것을 지켜보는 교사의 고통도 만만치 않다. 학교폭력 업무를 경험하면서 깨달은 점은 이

제도가 학생들 사이에 일어난 다툼을 가장 부정적으로 해결하는 방법이라는 것이다.

인간관계에서 오는 갈등은 당연히 고통스럽다. 마음에 내성이 길러지지 않으면 버티기 힘들다. 친구 관계에서 갈등을 해결해 본 경험이 없는 아이는 어른이 돼서 사회에 나갔을 때 부딪히는 관계적 갈등을 풀어가기란 쉽지 않다.

부모가 나서서 해결해준다면 아이의 사회성은 영영 길러주지 못한다. 어릴 때부터 관계에 대한 마음 근육을 길러줘야 한다. 관계를 풀어가는 방법은 직접 몸으로 익혀야 한다. 현명한 엄마라면 아이가 친구와 다툼이 생겼을 때 갈등 해결을 연습할 수 있는 기회라고 여긴다. 아이와 함께 방법을 궁리하고 적당한 코멘트를 해주고 뒤에서 지켜보며 격려해준다. 친구의 부족함을 용서할 줄 아는 아량을 베풀거나 잘못한 점이 있다면 사과할 줄 아는 용기도 길러준다.

내 아이가 친구 관계에서 어떤 상처도 받지 않기를 바라는 것은 바다에 나가면서 파도가 치지 않기를 바라는 만큼이나 불가능한 일이다. 일부러 상처받을 필요는 없지만 상처를 통해 성장하는 것이 인간이다. 상처가 아물면 굳은살을 만들고 마음 근육은 그렇게 길러진다. 아이가 성인이 되어 사회에 나가 관계적 갈등을 만났을 때 극복하는 힘은 이런 마음 근력에서 나온다. 파도가 없는 바다를 보았던가. 양육은 파도를 없애는 일이 아니라 혼자 파도를 타는 법을 가르치는 일이다.

사춘기 자녀에게 나타날 수 있는
친구들과의 갈등 상황은 어떤 것이 있을까?

♥ **소속감과 인정 욕구**: 친구 그룹 내에서 소속되기 위해 노력하면서 인정을 받지 못하거나 소외감을 느낄 때 갈등이 생길 수 있다.

♥ **배타적인 친구 관계**: 그룹 내에서 유독 한 친구와 지나치게 가까워져서 다른 친구들이 소외되거나, 친구들 사이에서 질투와 배신감을 느낄 수 있다.

♥ **따돌림**: 친구 그룹 내에서 무리의 규칙을 따르지 않거나 성향이 유독 개성적이거나 다르다는 이유로 따돌림을 당하는 경우 갈등이 발생할 수 있다.

♥ **가치관과 의견 차이**: 서로 다른 배경이나 가정에서 자란 아이들이 가치관, 규범, 취향의 차이로 인해 갈등을 겪을 수 있다.

♥ **경쟁**: 학업 성적, 외모, 인기도 등 다양한 면에서 친구들 사이에서 경쟁이 발생하면서 갈등이 일어날 수 있다.

♥ **비밀 누설**: 사적인 이야기를 나누면서 비밀을 지키지 않아 갈등이 발생하는 경우가 많다.

♥ **또래 압력**: 친구 그룹 내에서 자신이 원치 않는 행동을 강요받거나, 또래 집단의 기대에 맞추려고 하다가 스트레스를 받는 상황이 생길 수 있다.

♥ **온라인 갈등**: 소셜 미디어를 통해 발생하는 사이버 괴롭힘, 루머 확산, 댓글 싸움 등 온라인에서의 갈등이 현실에서 더 큰 문제로 발전할 수 있다.

**자녀가 친구들과의 갈등으로 힘들어할 때,
부모가 어떤 방법으로 도와줄 수 있을까?**

♥ **자녀의 감정을 인정하고 이해하기**: 자녀가 갈등으로 인해 느끼는 감정, 예를 들어 화, 슬픔, 혼란 등을 인정해 준다. "너무 속상하겠구나." 또는 "그런 일이 있었다면 정말 힘들었겠다."와 같이 자녀의 감정을 공감해주는 말이 중요하다. 이는 자녀가 자신의 감정을 표현하는 데 도움이 되고, 부모가 자신을 이해한다고 느끼게 해준다.

♥ **충고보다는 경청하기**: 자녀가 갈등을 말할 때 즉시 해결책을 제시하려 하기보다는 먼저 경청한다. 자녀가 이야기하는 동안 끼어들지 말고, 충분히 들어준 후에 그들이 스스로 문제를 해결할 수 있도록 도와주는 것이 좋다.

♥ **갈등 상황 파악하기**: 자녀의 이야기를 통해 문제의 핵심을 파악한다. 갈등이 친구 관계에서 생긴 오해인지, 또는 지

속적인 괴롭힘인지에 따라 접근 방식이 달라질 수 있다. 문제가 큰 경우에는 학교나 다른 성인과 상의할 필요가 있을 수 있다.

♥ **문제 해결 방법 제안하기**: 자녀가 스스로 해결책을 생각해볼 수 있도록 유도한다. 예를 들어 "너는 이 상황에서 어떻게 해결하고 싶어?" 또는 "이 상황에서 네가 할 수 있는 일이 무엇일까?"와 같은 질문을 통해 자녀가 상황을 스스로 분석하고 해결책을 모색할 수 있게 도와준다. 자녀가 선택권을 가질 때 자신감을 얻을 수 있다.

♥ **사회적 기술 가르치기**: 갈등 상황에서 자녀가 상대방과 대화할 때 유용한 기술을 알려준다. 예를 들어, 상대방의 입장을 이해하려고 노력하고 자신의 감정을 침착하게 표현하는 방법을 가르치는 것이다. "네가 그 상황에서 직접 말하면 어떻게 들릴까?"와 같은 질문을 통해 연습할 수 있다.

♥ **갈등 해결의 긍정적인 측면 강조하기**: 갈등이 반드시 나쁜 것만은 아니라는 점을 강조한다. 갈등을 통해 사람 간의 차이를 이해하고 성장할 수 있다는 점을 설명해 준다. 이를 통해 자녀는 갈등을 회피하지 않고, 긍정적인 경험으로 전환

할 수 있게 된다.

♥ 지지적인 태도를 유지하기: 자녀가 해결 과정에서 실수를 하더라도 부모는 자녀를 지지하는 모습을 보여줘야 한다. "어떤 결정을 하든지 나는 네 편이야."라는 메시지를 전달함으로써 자녀가 부모의 지지를 느낄 수 있도록 한다.

♥ 필요한 경우 학교나 전문가와 협력하기: 갈등이 장기화되거나 자녀에게 심리적인 어려움을 주고 있다면, 학교 상담사나 전문가와 협력하는 것도 방법이다. 부모가 할 수 있는 것 이상으로 전문가의 도움이 필요한 상황이라면 적극적으로 활용한다.

자녀가 친구와의 갈등을 겪을 때, 부모가 직접 개입한다면 어떤 점이 안 좋을까?

♥ **자립심과 문제 해결 능력 저하**: 자녀가 부모에게 의존해 문제를 해결하는 습관을 들이면, 스스로 갈등을 해결하는 방법을 배울 기회를 잃을 수 있다. 자립적인 문제 해결 능력은 성인으로 성장할 때 중요한 역량이므로, 부모가 대신 해결해 주면 자녀는 스스로 대처할 기회를 놓치게 된다.

♥ **갈등의 본질을 파악하지 못할 가능성**: 부모가 자녀의 이야기를 듣고 개입하더라도, 자녀가 모든 상황을 정확히 설명하지 않았을 수 있다. 자녀의 관점만 듣고 상황을 해결하려 하면 오히려 오해를 불러일으킬 수 있고, 문제를 복잡하게 만들 수도 있다.

♥ **자녀의 신뢰와 자존감 손상**: 자녀가 부모의 개입을 부담스럽게 느끼거나 자존심이 상할 수 있다. 부모가 나서서 해결하려 하면 자녀는 자신이 무능력하거나 믿지 못할 존재로

여겨질 수 있어, 자존감이 떨어질 수 있다.

♥ **또래 관계 악화**: 부모의 개입이 오히려 상황을 악화시킬 수도 있다. 친구들 사이에서는 "부모한테 일렀다."라는 식의 비난을 받을 가능성이 크고, 자녀가 더 어려운 상황에 처할 수 있다. 또래 관계에서는 스스로 해결하는 것이 중요하게 여겨지기 때문에, 외부인의 개입이 관계를 더 악화시킬 위험이 있다.

단, 부모의 적극적인 개입이 필요한 경우도 있다

♥ **심각한 괴롭힘이나 폭력 상황**: 자녀가 친구 관계에서 심각한 괴롭힘이나 폭력을 당하고 있다면, 부모의 적극적인 개입이 필요할 수 있다. 이때는 학교나 교사, 전문 상담사와 협력해 문제를 공식적으로 해결한다.

♥ **자녀의 안전이 위협받는 경우**: 자녀의 신체적, 정서적 안전이 위협받는 상황이라면 부모가 개입해야 한다. 예를 들어 사이버 괴롭힘이나 지속적인 따돌림이 자녀에게 심리적, 정신적 해를 끼치고 있을 경우에는 부모가 나서서 도움을 요청하고 보호해야 한다.

결핍이 결핍된 시대,
어떤 성공엔 결핍이 무기가 된다

2024년 기준으로 우리나라의 1인당 GDP가 3만 4천 달러(대략 연평균소득 4,500만 원)에 이른다. 숫자만 보면 힘들게 사는 사람들이 없을 것 같지만, 이 수치에는 평균값이라는 함정이 내포되어 있다. 평균 근처에 분포하는 사람들이 많아서가 아니라 양극단에 몰려있는 값이 만들어낸 통계적 결과다. '양극화'라는 말은 많이 들어보고 심각하다고도 하지만 피부에 쉽게 와닿지는 않는다. 대체로 형편이 비슷한 사람들과 군락을 이루고 살게 마련이라서 나와는 형편이 다른 세상에 사는 사람들을 만날 기회가 별로 없기 때문이다.

내가 양극화를 모두 경험했다고 말하기는 어렵지만, 학교를 옮겨 다니면서 학구에 따른 형편의 차이를 느끼기도 했고, 예상치 못한 아이를 만난 적도 있다. 지금까지 근무했던 학교가 모두 여섯 곳이다. 학 학년에 한 학급만 있는, 다시 말해 전교에 6학급만 있는 소규모 학교부터 교감이 두 명 있는 대형 학교까지 다양했다. 도심 한가운데 아파트단지로 둘러싸인 학교도 있었고 사방이 모두 논밭으로 둘러싸인 곳도 있었다.

유상급식 시절에는 급식비를 지원받아 점심을 해결하며, 방학 때는 급식 쿠폰으로 지정된 식당에서 끼니를 해결하는 아이들을 보기도 했다. 티가 안 나면 좋으련만 어떻게 알려지는 것인지는 몰라도 급식비를 지원받는다는 사실이 드러나면 그 아이들은 상처를 받는다. 이런 아이들을 곁에서 직접 보면 전면 무상급식이 왜 필요한지 굳이 긴 설명을 하지 않아도 알 수 있다.

요즘은 다행히도 고등학교까지 전면 무상급식에, 기본 학용품 외에는 특별한 준비물을 집에서 챙겨갈 일이 없다. 유행에 민감한 중고등학생들은 등골브레이커라고 불리는 유명 브랜드 옷에 집착하기도 하지만 초등 아이들은 그런 옷까지 필요하지는 않다. 저렴하고 예쁜 옷은 너무도 많다. 오히려 멀쩡한 물건이 지나치게 버려지는 것을 걱정하는 시대다.

아이들이 학교에서 잃어버리는 물건의 양은 엄청나다. 운동장에서 놀다가 더워서 잠시 벗어둔 점퍼나 온갖 학용품, 우산, 신주머니 등 종류도 다양하다. 학교에서는 분실물 코너에 보관하거나 잃어버린 물건을 찾아주는 방송도 한다. 대략 10년 전까지만 해도 물건을 잃어버린 아이들이 찾아가려고 노력했던 것 같다. 하지만 요즘 교실의 우산꽂이에는 몇 달이 지나도 찾지 않는 주인 잃은 우산들이 넘쳐난다. 잃어버리면 언제든지 대체 가능한 싸고 좋은 물건이 집이나 상점에 넘쳐나기 때문일까. 괜스레 나 혼자 아까운 마음에 버리지 못하고 보관해 두었다가 하굣길에 갑자기 비가 쏟아지면 쓰고 가라고 들려주지만 아이들은 웬일인지 별로 내켜 하지 않는다.

모두 비슷비슷한 아파트단지에 사는 아이들은 빈부 격차를 크게 느끼지 못할 거라고 생각했는데 어느 날 쉬는 시간에 아이들끼리 "너희 집은 몇 평이야?"라며 서로의 집 평수를 비교하는 대화를 듣고는 격세지감을 느꼈다. 예전에는 형편이 안 좋은 친구들은 한눈에도 티가 났다. 옷이 조금 허름하다든지, 도시락을 못 싸 온다든지, 자주 준비물을 챙겨오지 못했다. 요즘은 같은 반에서 일 년을 함께 지내도 거의 티가 나지 않는 편이다.

어느 해 담임했던 여자아이도 그랬다. 학급 임원 선거에서 부회장으로 뽑힐 만큼 똘똘하고 야무졌다. 알고 보니 그 아이는 보육원에서 제공해준 낡은 빌라에 살고 있었다. 그곳에서 비슷한 처지의 아이들이 모여 단체생활을 하고 있었다. 이모와 함께 산다며 마치 엄마처럼 이야기해서 의아했는데, 함께 동거하며 돌봐주는 복지사를 부르는 호칭이었다.

작년 담임이 찾아와서 귀띔해주지 않았다면 나는 일 년이 지나도 몰랐을 것이다. 요즘은 학생 정보 보호라는 이유로 담임 교사도 내 반 학생의 생활기록부 내용을 모두 다 볼 수는 없다. 그리고 부모 이름이 쓰여있다는 것만으로는 그 집의 속사정을 다 알 수도 없다. 이혼하거나 보육원에 살아도 부모 이름 칸은 채워져 있기 때문이다. 그 아이는 늘 똑 부러졌고 숙제를 가장 성실하게 해오는 학생이었다. 깨끗한 옷차림, 정갈하게 정리된 책가방을 비롯한 그 아이의 모든 면은 부모의 따뜻한 보살핌 아래서 자라는 여느 아이들과 다를 바가 없었다. 그래서 다행이었다. 우리 반 아이들은 일 년이 지나도 그 아이의 사정을 알지 못했다.

집에서 매 맞는 아이들을 학교에서 가끔 발견한다. 한여름에 반소매를 입으면 드러나는 상처를 무심코 지나칠 수 없다. 누가 봐도 흠씬 두들겨 맞은 여학생을 상담한 상담교사가 친아버지의 소행임을 알고 차마 집으로 돌려보낼 수가 없어서 경찰에 신고한 일이 있다. 상담교사를 찾아와 학교를 발칵 뒤집어놓은 아버지를 보면서 경찰도 교사도 아무것도 할 수 없을 때의 무력감이란.

아이의 표정과 몸에 난 상처로만 지레짐작해서 부모를 가해자로 몰기엔 뭔가가 부족한 게 사실이다. 아이들에게 가해지는 가정 폭력이나 학대를 발견하면 신고 의무자인 교사라지만 의사처럼 의학적 식견을 전문적으로 인정받은 사람이 아니라서 그런지, 곱게 인정하고 받아들이는 학부모는 거의 없다. 내 물건에 대한 소유권을 주장하듯 자식에 대한 권리를 주장하는 그들의 으름장에 맞설 확증이나 물증을 교사는 갖고 있지 않다.

어느 해는 복지 관련 업무를 담당한 적이 있다. 그 업무를 하며 전에는 전혀 몰랐던 사실을 알게 됐다. 요즘 시대에 아침밥을 못 먹고 다니는 아이들이 그렇게나 많은지 처음 알았다. 먹을 것이 없어서라기보다는 밤새워 일하고 돌아오거나 새벽 출근을 해야 하는 부모가 아이의 식사를 제때 챙겨주지 않아서 먹고 싶어도 못 먹고 다니는 아이들이 대부분이었다. 언뜻 이해가 되지 않을 수도 있다. '아무리 일이 급하고 피곤해도 내 자식 밥을 굶기다니' 하면서 말이다. 나도 처음에는 그렇게 생각했지만 그 처지가 돼보지 않고서야 어떻게 함부로 말할 수 있을까. 그때 근무했던 학교는 사방이 신축 아파트단지로 둘러싸여 있어서 외관만 보면 멀끔하게 잘 사는 동네같이 보였다.

한번은 각 학교의 복지 업무 담당 교사들이 모여 세미나를 한

적이 있는데 다른 학교의 사정 이야기도 다르지 않았다. 어느 학교 선생님은 학교 뒤편 빌라 전체에 유난히 삼촌과 사는 아이들이 많다고 했다. 삼촌이란 새아빠나 엄마의 남자친구를 이르는 말이었다.

이런 이야기는 같은 학교 선생님들도 전혀 모르는 사정이다. 당사자들은 속사정이 겉으로 드러나기를 꺼리기 때문에 교사는 모를 수밖에 없고, 교사가 알게 되더라도 밖으로 꺼내 드러낼 일이 아니니 더더욱 감춰져 있다. 이런 상황은 주변 사람들이 다들 나와 비슷하게 산다고 착각하는 이유가 되기도 한다.

나는 어릴 때 충족보다 결핍을 더 자주 느꼈다. 한때는 풍족한 형편의 친구들을 부러워한 적도 있다. 결핍을 결코 만족한다고 할 순 없지만 원망도 하지 않았다. 내가 선택할 수 없었던 가정환경이었고, 그럼에도 불구하고 성실히 생활을 꾸려나가려고 노력한 부모님 모습을 기억하기 때문이다. 이제 나는 내 아이들이 결핍이 뭔지 모르게 키울 수 있는 능력이 생겼다. 내 어린 날의 결핍을 생각하면 내 자식에게 하나라도 더 해주고 싶었지만, 과잉도 결핍만큼이나 해롭다고 생각했다.

어디까지 해주고 어디부터는 자제해야 할지 선을 정해야 했다. 내 전략은 '조작된' 결핍이었다. 실제 형편으로는 더 해줄 수 있지만, 우리 집의 형편이 부족한 듯 조작하는 것이었다. 지금은 아이들이 다 커서 우리 형편이 훤히 보이니 더 이상 눈속임을 할 수 없지만, 어릴 때는 충분히 가능했다.

내가 장을 보면 특별한 일이 없다면 과자나 탄산음료는 사들이지 않았다. 어릴 때 먹지 않아도 크면 자연히 먹게 될 텐데, 어리고 순한 미각에 벌써부터 맛 들이고 싶지 않았다. 딸이 얼마 전에 친척 집에 갔는데 아이스크림을 먹으라고 해서 딱 하나만 먹었다고 한다. "왜 하나만 먹어. 더 먹어."라고 해서 놀랐다는 말을 듣고 얼마나 웃었는지. 우리 아이들에게 달콤한 간식은 어릴 때 손잡고 동네 슈퍼에 가서 딱 하나 고를 수 있는 이벤트였기 때문이다. 하지만 아이들이 용돈을 받아쓰기 시작하면서는 밖에서 무엇을 사 먹고 다니는지 관여하지 않았다.

키우면서 무언가를 넘치게 해준 적이 별로 없다. 지인의 아이들 옷을 물려받아 입힌 적도 많다. 금세 자라는 아이들에게는 한 계절 옷에 불과하다. 멀쩡한 옷이 버려지는 것보다는 내 아이가 한 계절 더 입고 버리면 환경에도 좋고 덜 아까운 일이다. 용돈도 그랬다. 마음껏 풍족하게 쓸 만큼 주지는 않았다. 그렇다고 부족하지 않을 정도라고는 생각하는데, 받은 아이들 말을 들어본다면 다를지도 모르겠다.

억제만 하고 산 것도 아니다. 축하할 일이 있거나 필요하다 싶으면 욕구 충족의 날을 잡았다. 그런 날에 마음껏 먹거나 물건을 사면 아이들은 선물이라도 받은 듯 신나고 좋아했다. 욕구의 미니멀리즘 양육 방식이 꼰대스러운지도 모르겠다. 하지만 결핍까지는 아니어도 적당히 부족함을 느껴야 돈이든 음식이든 소중함을 알 테고 함부로 낭비하지 않을 거라고 생각했다.

그럼에도 불구하고 포기할 수 없었던 사치가 있다면 '책'이다. 어릴 때 내 집에는 책이 없었고 그때만 해도 학교 도서관이나 공공도서관도 없던 시절이라서, 친구 집에서 전래동화전집과 세계문학전집을 읽으며 독서 욕구를 해소했다. 중고등학교 때는 새 문제집을 여러 권 사서 푸는 친구가 제일 부러웠다. 그래서였을까. 미리부터 동화 전집을 눈독 들이고 있다가 애들이 더듬거리며 이제 막 한글을 떼고 나서 적정 연령이 되기도 전부터 사들였다.

거실벽을 온통 책으로 채우고 나니 얼마나 뿌듯하던지. 문제는 나만 뿌듯했고 아이들은 별 감흥이 없어 보였다. 그저 내 어린 날의 결핍을 충족하기 위한 행동이었는지도 모른다. 하지만 나의 책 사랑은 여전해서 지금도 아이들에게 필요한 책이라면 돈을 아끼지 않는다. 아이들에게 베푸는 유일한 사치다.

요즘 출산율이 떨어지는 원인이 여러 가지라고 하지만, 그중의 하나로 거론되는 것이 부담스러운 육아 비용이라고 한다. 그런 이야기를 들으면 안타깝다. 내 자식에게 최고로 좋은 것을 넘치도록 해주고 싶은 마음을 이해 못 하는 것은 아니다. 하지만 생각해볼 필요는 있다.

1학년 입학한 아이에게 전문가용 48색 색연필을 사서 보내는 학부모들이 가끔 있다. 아이는 좁은 책상에서 펼쳐놓기 불편하다는 걸 느끼고 얼마 못 가 엄마에게 12색 색연필을 사달라고 한다. 비싸고 좋은 분유를 먹이고 비싼 기저귀를 채워주고 외제 유모차를 태워야 양육을 잘하는 것일까. 비싼 사교육을 제공해주고 어학연수도 보내고 유학을 보내줘야 잘 키운 것일까.

소중한 생명은 돈으로 기르는 것이 아니다. 돈이 없어도 잘 키울 수 있다는 말이 아니다. 적정선의 기준은 가정에 따라 차이가 있겠지만 기본적인 의식주와 교육지원비는 필요하다. 하지만 어떤 경우에는 지나치게 많은 돈이 아이를 망칠 수도 있다. 건강한 양육의 본질이 과연 돈에 있을까. 그렇지 않다. 진정으로 내 자식을 사랑하고 건강한 성인으로 키우고 싶다면 많은 돈을 들이지 않고도 충분히 잘 길러 낼 수 있다.

적어도 내가 보기에 우리 아이들은 넘치지도 않게, 부족하지도 않게 자랐다. 내가 아이들에게 해준 정도를 절대적인 기준으로 가늠하기 어렵고, 형편이란 지극히 상대적이어서 말하기에 조심스럽지만 말이다. 누군가에게는 내가 해준 것도 엄청나게 해준 것으로 보일 수 있고, 누가 보기엔 반대일 수 있기 때문이다. 하지만 자식에게 최대한 좋은 것만 해주고 싶은 마음이 과연 먼 훗날 아이에게도 좋은 것인가는 생각해 볼 일이다.

현대 사회는 결핍이 결핍된 시대라고 한다. 아이들은 아쉬운 것이 없고, 그래서 절실함도 절박함도 없으며 만족할 줄도 모른다고 한다. 혹여 아이에게 넘치게 주지는 않았는지 돌아볼 일이다. 모든 것이 충족된 아이는 인생에서 과연 충만함을 느낄 수 있을까. 오히려 항상 주어지던 것이 결핍했을 때 받는 충격이 크다. 그때 아이들은 쉽게 무너지고 좌절한다. 어떤 사회도 모든 욕구를 즉각적으로 충족해주지 못한다. 어릴 때부터 욕구의 결핍에 대처하는 연습이 필요한 이유다.

결핍은 단순히 부족함이 아니라, 인내와 성장을 위한 중요한 요소다. 아이들이 자신의 힘으로 세상을 살아갈 수 있도록, 결핍을 통해 얻는 강인함을 가르치는 것이야말로 진정한 사랑이 아닐까.

순종적인 아이는 착한 걸까
말대꾸하는 아이는 착하지 않은 걸까

국어 시간에 문학작품을 공부하면 빠지지 않고 나오는 문제가 등장인물의 성격에 관한 질문이다. 〈아기 돼지 삼 형제〉라는 동화가 있다. 취학 전 아이들, 유아를 대상으로 한 동화다. 아이들에게 돼지 삼 형제의 성격을 물으면 하나같이 '착하다'라고 말한다.

그러면 나는 묻는다. 돼지의 어떤 점이 착하냐고. 깊이 생각하지 않고 대뜸 "늑대가 나쁘니까 돼지가 착한 거지요." 하는 아이들도 있지만, 대부분의 아이들은 쉽게 대답하지 못한다. 곰곰히 생각해봐도 이렇다 할 착한 구석이 없기 때문이다. 지푸라기로 집을 지은 것이 착하다고 말할 근거가 되지 않는다는 것쯤은 아이들도 안다. 돼지가 피해자라고 해서 착한 것도 아니고 말이다. 돼지가 착한지 아닌지 이 이야기만으로는 알 수 없다.

성격을 묻는 말에 아이들이 가장 많이 하는 답이 바로 '착해요'

다. 아이들은 나쁘지 않으면 무조건 착하다고 말한다. 아직 어린아이들이니 선악 구도와 흑백 논리의 양분법적 시각은 이해해줘야 한다.

〈늑대가 들려주는 아기 돼지 삼 형제 이야기〉라는 동화책이 있다. 진짜 이야기를 제대로 아는 사람은 없다면서 늑대 관점에서 들려주는 이야기다.

주인공 늑대 알렉산더 울프는 심한 감기에 걸린 상태였지만 할머니의 생일 케이크를 만들어 드리려고 했다. 그런데 마침 설탕이 떨어져서 이웃에 사는 돼지에게 설탕을 얻으러 갔다. 첫째 돼지네 집 앞에서 늑대가 재채기하는 바람에 돼지 집이 날아갔고 지푸라기 한복판에 돼지가 죽어 있었다. 짚 한가운데 먹음직스러운 햄이 있는데 그냥 가는 것은 어리석은 일이라고 생각한 늑대는 돼지를 먹어버렸다.

이런 식으로 이야기가 진행된다. 늑대는 육식동물이니 돼지고기를 먹는다고 죄가 되지는 않는다. 읽다 보면 늑대가 그럴 수밖에 없었겠다며 고개가 끄덕여진다. 나쁜 동물이라는 누명을 쓰게 돼 억울할 만도 하겠다 싶어진다.

〈아기 돼지 삼 형제〉 이야기는 꼼꼼하게 벽돌집을 짓는 막내 돼지를 통해 성실과 근면을 강조하기에 좋은 이야기다. 반면 〈

늑대가 들려주는 아기 돼지 삼 형제 이야기>는 초등학생용 이야기다. 인물은 각자의 입장이 있으므로 모든 사람의 이야기를 다 들어봐야 상황 파악을 제대로 할 수 있다는 것을 깨닫게 한다. 아이들은 책을 통해 어느 한쪽 편의 이야기만 듣고 성급하게 판단하면 안 된다고 느낀다.

한 사람 안에서도 성격이란 매우 복잡하고 다면적이고 다층적이다. 사춘기로 접어든 아이들은 세상 사람들을 단순하게 '착하다'와 '나쁘다'처럼 정확히 갈라 구분할 수 없다는 것을 느끼기 시작한다. 유아기적 사고에서 벗어나 저마다 견해가 다르고 다양한 성격 유형이 있음을 알게 된다.

나는 어릴 때 지각 한 번 한 적이 없고 숙제를 안 해간 기억이 거의 없다. 공부를 크게 잘하지는 못했어도 모범생 쪽에 가까운 아이였다. 그런 나를 보는 선생님들이나 주변 어른들로부터 착하다는 말을 많이 들었다. 착하다는 말을 듣기는 쉬운 일이다. 어른들 말씀을 잘 듣고 밥투정 안 하면 된다. 책을 읽거나 공부를 하고 있어도 착하다는 말을 듣는다. 어른들이 바라는 모습이면 모두 착하다. 어릴 때 나는 내가 정말 착한가라는 의심을 했지만, 다들 나를 그렇게 보니 착해야 할 것 같은 기분이 들었다.

우리 세대의 부모들에게 자녀 교육이란 대개 밥상머리 교육

정도였다. 아이도 감정이 있고 기분이 있다는 개념이 거의 없던 시대였다. 우리 세대는 부모나 교사를 포함한 어른들에게 감정을 존중받지 못하고 자란 경험이 많다. 부정적인 감정은 무시당하기 일쑤였고 착한 아이가 돼야 했다. 남들이 보는 앞에서 울고 떼를 쓰는 건 받아들여질 일도 아니었으니 그럴 생각조차 하지 않았다.

예전에는 왜 그렇게도 많은 아이에게 '뚝'이라고 윽박지르며 울지 못하게 했을까. 그렇게 자란 아이들은 성인이 돼서 슬픈 일이 있어도 맘껏 슬퍼하지 못한다. 슬픔이란 창피하고 부끄러운 부정적인 감정이라고 여긴다. 얼마나 많은 남자아이들이 "사내자식이 왜 울어?"라는 말을 듣고 자랐나. 남자도 사람이고 감정이 있는데 말이다.

아이가 조용하고 점잖으면 '얘는 애어른 같네'라는 칭찬 같지 않은 칭찬을 하기도 했다. 그 아이의 속마음이 진짜 어떤지는 알려 하지 않았고 아무도 묻지 않았다. 어른들이 아이들한테 무심코 하는 '착하다'라는 말이 순종적인 아이에게 영향을 미쳐서 '착한 아이 콤플렉스'를 만든 건 아니었을까.

흔히 말대꾸 안 하고 순종적인 아이들을 착하다고 말한다. 국어사전에서 말대꾸를 찾아보면 '남의 말을 듣고 그대로 받아들이지 아니하고 그 자리에서 제 의사를 나타냄'이라고 나와 있다. 의미 자체만 보면 자기 의견을 똑 부러지게 말한다는 뜻으로 부정적인 의미가 없는데도 불구하고 말대꾸는 부정적인 단어로 통한다. 어른이 하는 말에 따박따박 자기 의사를 표현하면 말대꾸한다고 한 소리 듣는다.

어릴 때부터 또박또박 말을 잘해서 칭찬받던 아이가 학교에 들어가 몇 년 지나면 입을 다물기 시작한다. 아이는 입을 닫고 살면 조금이라도 덜 혼난다는 것을 체감하고 그렇게 강화된다. 말대꾸하지 않는 아이, 질문하지 않는 아이가 자라 자기 의견을 표현하지 않는 예스맨이 된다.

물론 예의 없이 사사건건 따지고 드는 것을 좋다고 말할 수는 없다. 하지만 필요한 경우에 논리적으로 자기 의사 표현을 하는 것이 왜 문제가 될까. 학교나 사회에서 순종적 마인드를 강요하고 있는지도 모른다. 여전히 손아랫사람이나 아래 직급의 사람은 윗사람의 말은 무조건 받아들여야 한다는 은근한 고정관념이 있지 않은가. 그래서 아이들이 자기 의사를 확실히 표현하면 대개의 어른은 되바라지고 버릇없다며 눈살을 찌푸리는 경향이 있다.

억눌렀던 내면의 본질적인 자아가 사춘기를 만나 분출하기도 한다. 보통은 받아줄 만한 사람에게 부정적인 감정을 표현하게 마련이고 대개는 그 대상이 가족이 된다. 그래서 가족들 눈에는 사춘기 아이가 이상해 보인다. 친구들이나 선생님들에게는 한없이 예의 바르고 친절한데 유독 가족에게만 부정적이니 말이다. 만약에 밖에서도 부정적인 감정을 쏟아내고 다닌다면 문제지만 이런 경우라면 걱정하지 않아도 된다. 자신의 행동규범을 잘 알고 있다는 뜻이고, 가족을 향해 요동치던 부정적인 감정도 사춘기가 끝나가면서 점차 가라앉아 제자리를 찾기 마련이다.

사춘기로 접어든 아이들은 사회의 불합리나 부조리를 눈치채기 시작한다. 사고가 자라고 자아가 싹 트는 아이들은 자기 목소리를 내고 싶은 욕구가 커진다. 그런 아이들에게 말대꾸한다며 부정적인 시각으로 폄하하고 아이의 감정을 억누르려 한다면 아이는 어떻게 자랄까. 관점을 바꿔서 아이의 말대꾸를 논리적인 의사소통의 기회로 여기고 대화의 주제로 삼는다면 어떨까.

순우리말인 '착하다'는 선(善)을 말한다. 착하다는 말이 딱 들어맞는 상황이 있다. 폐지를 모아서 힘들게 손수레를 끌고 가는 할머니를 발견했을 때 "도와드릴까요?"라고 여쭤보고 손수레를 밀어드린다면 '착하다'라는 말 외에는 달리 할 말이 없다. 선한 마음으로 한 선한 행동이기 때문이다. 요즘은 착하면 무시당한다며 너무 착할 필요가 없다고도 말한다. 하지만 세상이 아무리 달라져도 착한 인격체는 소중하고 선(善)은 그 자체로 가치롭다.

부모님 말씀 잘 들으면 '착하다', 말대꾸 안 하고 얌전하면 '착하다'라고 할 때의 '착하다'는 선(善)이 아니다. 순하고 말썽부리지 않는 아이에게 하는 두루뭉술한 표현이다. 말대꾸 없이 어른이 하라는 대로 하는 아이가 다루기에는 쉽다. 얌전하고 말썽 안 부리면 키우기 쉽고 가르치기 쉽다. 어른들은 착하다고 말하면서 순종적인 아이를 바라는지도 모른다.

나는 학교나 집에서 아이들을 '착하다'라는 말에 가두고 싶지 않았다. 그래서 될 수 있으면 '착하다'라는 말은 사용하지 않으려고 노력했다. 정말 '노력'이 필요한 일이었다. 너무도 익숙한 말이라서 나도 모르게 자동반사적으로 튀어나왔기 때문이다. 밥을 잘 먹으면 "밥을 참 복스럽게 잘 먹는구나!" 했고, "책을 많이 읽네!", "공부를 열심히 하는구나!", "친절하구나.", "인사를 참 잘하네.", "심부름 잘하네." 했다.

나는 어릴 때 착했던 것이 아니라, 순종적이었다. 순종적인 아이라도 마음에는 다양한 감정을 품고 있다. 순종적인 사람도 고집스러울 수 있고, 분노할 일에는 분노해야 하고, 슬플 때는 눈물 흘릴 줄도 알아야 한다. 부정적인 감정도 인간이라면 누구나 느끼는 자연스러운 감정이기 때문이다. 적절한 때에 적절한 감정을 꺼내서 드러낼 줄 알아야 정서적으로 건강하다.

어른들이 말하는 '착하다'에 길들여진 순종적인 아이는 자기감정을 제대로 표현하지 못할 수도 있다. 아이에게 왜 당당하게 표현을 못 하냐고 다그칠 일이 아니라, 내 아이를 어떻게 대하는지 돌아봐야 한다. 긍정적인 감정이든 부정적인 감정이든 집에서 감정 표현이 억눌린 아이는 밖에 나가서도 자기감정을 표현하기 힘들어한다.

학교에서 쉬는 시간이 되면 수업 시간에 억눌려 있던 아이들의 본성이 여지없이 드러난다. 아이들에게 십 분은 너무 짧다. 단 일 초라도 움직이고 떠들고 싶어 하는 아이들 사이에 제자리에서 꼼짝 안 하고 얌전한 아이들을 보면 '착하다'라는 말로 표현하기 힘들다. 저 아이의 마음에는 무엇이 있을까 궁금해진다. 표현하지 않지만, 속에는 얼마나 많은 감정이 꿈틀거릴까. 그림같이 앉아 있는 아이를 보면, 가끔 어떤 어른들은 지나가는 말로 "저런 아이라면 백 명이라도 가르치겠다."라고 한다. 하지만 정말로 그런 아이들만 있다면 세상은 어떻게 될까.

나는 세상 모든 아이가 삶에 순응하고 순종적이기만을 바라지 않는다. 말대꾸가 필요한 상황에서 한마디 못 하고 묵묵하기를 바라지 않는다. 자기 삶을 스스로 개척하고 싶은 고집과 열정이 있으면 좋겠다. 적당한 질투심이 긍정적인 불쏘시개가 되어 성장의 발판이 되기도 하고 분노해야 할 일이 있다면 분노하고 행동하는 사람이기를 바란다.

진정한 착함은 순응이 아니라, 선한 마음을 바탕으로 자신의 목소리를 내고, 부정적인 감정마저도 표현할 수 있는 용기에서 비롯되는 것일 테다.

세 살 기억 여든까지 간다

너를 안아도 될까?

네가 다 자라기 전에 한 번 더.

그리고 너를 사랑한다고 말해도 될까?

네가 언제나 알 수 있게.

너의 신발끈을 한 번 더 내가 묶게 해 줘.

언젠가는 너 스스로 묶겠지.

그리고 네가 이 시기를 회상할 때

내가 보여 준 사랑을 떠올리기를.

(중략)

나는 그날이 올 걸 안다.

네가 이 모든 일들을 혼자서 할 날이.

네가 기억할까. 내 어깨에 목말 탔던 걸?

우리가 던진 모든 공들을?

그러니까 내가 널 안아도 될까?

언젠가 너는 혼자서 걷겠지.

나는 하루라도 놓치고 싶지 않다.

지금부터, 네가 다 자랐을 때까지.

- 브래드 앤더슨, 〈너를 안아도 될까?〉 중 -

무방비 상태에서 읽다가 가슴에서 뜨거운 뭐가 올라온다. 아기 때의 그 말캉한 살 무더기, 살냄새, 잘 놀다가도 아쉬우면 엄마부터 찾으며 달려와 와락 안기던 아이를 아직도 기억한다. 첫 걸음마를 떼던 순간은 어떤 영화의 장면보다도 잊지 못할 만큼 선명하다. 졸린 눈을 비벼가며 잠자리 책을 읽어주던 그때가 바로 어제처럼 말간 기억으로 남아있다. 다시는 돌아갈 수 없어서 안타깝고 그때의 아이들이 보고 싶어 그립기만 하다. 가슴에서 올라온 뜨거운 덩어리가 눈으로 왈칵 쏟아져 내릴 것 같다.

두 아이 모두 어릴 때부터 독립적이었다. 식탁에서 실랑이 한 번 한 적이 없을 만큼 반찬 투정 없이 잘 먹었다. 유모차를 타기보다 땅을 디뎌 걷기를 좋아해서 걸음마를 뗀 후로는 유모차를 탄 적이 없다. 계단을 올라갈 때 손이라도 잡아주려고 하면 마다하고 혼자 힘으로 올라가기를 좋아했다. 신발 끈이 풀어져서 묶어주려고 하면 굳이 자기가 하겠다고 고집을 부리곤 했다. 타고난 기질이 그랬던 건지 두 아이 모두 혼자 힘으로 하기를 좋아했다. 나는 그런 아이들이 대견스럽기도 하면서 '조금 더 응석을 부려도 괜찮은데…' 하며 아쉽기만 했다. 그래서 막내 아이가 초등학교 1학년이 될 때까지 업어달라고 할 때마다 마다하지 않고 업어줬다.

애들 어릴 때 사진을 들춰보면 십 년이 훌쩍 넘었는데도 그날의 날씨와 공기, 기분까지 생생하다. 추억이란 사진 한 장으로만 남는 게 아니라 내 몸과 마음 구석구석 모든 감각에 녹아있다. 가끔 딸이 사진을 보고 그날 했던 대화까지 기억해낼 때면 나는 눈이 동그래진다. 언제 한번은 놀이방에서 찍은 사진을 보면서 작은 방에 혼자만 갇혀있던 적이 있다는 이야기를 해서 놀랐다. 그때 일을 아직도 기억한다니.

딸이 네 살이던 어느 날, 밥투정 한번 안 하던 아이가 갑자기 밥그릇을 밀쳐내며 힘없이 축 늘어졌다. 이상해서 이마를 짚어 보니 열은 없었고, 몸 구석구석을 살펴보니 손과 발에 물집이 잡혀있었다. 병원에 데려가니 처음 들어보는 '수족구병'이라고 했다. 또래 아이들에게 전염성이 있으니 주의해야 한다고 했다.

아이가 아픈 것도 걱정이었지만 물집이 완전히 없어질 때까지는 놀이방에 맡길 수 없으니 걱정이었다. 출근은 해야 하는데 놀이방 말고는 믿고 맡길 데가 없었다. 발을 동동 구르다가 할 수 없이 놀이방에 사정을 이야기했다. 원장님은 딱한 사정을 듣고는, 맡아주기는 하겠지만 수족구병은 전염성이 있으니 다른 아이들과 분리해서 작은 방에 있어야 한다고 했다. 딸은 그때 며칠 동안 작은 방에 격리됐던 일을 대학생이 된 지금까지 잊지 않고 있다. 어린 날의 어떤 기억은 유효기간이 평생일 수도 있다.

애들이 어릴 때, 나는 의도적으로 여기저기 많이 데리고 다녔다. 주말이면 단 몇 발자국이라도 집 밖으로 나가야 직성이 풀리는 내 성향도 한몫했다. 어차피 나갈 거라면 아이들이 체험할수 있는 곳을 찾았다. 박물관, 미술관, 전시관, 공연장으로 많이도 다녔고, 어느 도시로 가족여행을 가든 그곳에서 아이들이 할 수 있는 체험부터 찾았다. 책으로 간접경험 했던 것을 기회가 될 때마다 직접 경험으로 충족시켜주고 싶었다.

밖으로 나가지 못할 때는 즉석에서 집안의 물건을 이용한 놀이를 했다. 빨래통을 거실 한가운데 놓고 수건을 동그랗게 묶어서 던져넣기를 하거나, 기다란 거실 테이블 한가운데 비디오 테이프를 한 줄로 늘어놓아 네트를 만들고는 탁구를 하기도 했다. 수건공으로 놀았던 것은 집에 공이 없어서가 아니라 아이들은 진짜 공보다 훨씬 더 재미를 느끼기 때문이다. 생활도구가 얼마든지 놀잇거리가 될 수 있다는 것을 일깨워주면 아이들의 창의력이란 나보다 뛰어나서 새로운 놀이를 개발하기도 했다. 놀이의 재미를 느끼게 해주고 아직 어릴 때 말랑말랑한 오감을 자극해주고 싶었다.

한번은 집에 있는데 애들이 너무 심심해했다. 나는 애들한테 "애들아, 우리 스파이더맨 놀이할래?" 하고 서랍에서 털실을 꺼내 오니 아이들은 신기하다는 듯 눈이 동그래졌다. "우린 이제 스파이더맨이야. 털실로 거미줄을 만드는 거야."라고 말하며 아이들과 문고리, 의자 다리, 서랍 손잡이에 실을 연결해 거미줄을 만들었다. 애들은 처음 보는 해괴한 놀이였지만 재미있어했고, 커서 스파이더맨이 될 거라며 아들이 제일 신나 했었다.

그리고 나서는 첩보 영화에 나오는 스파이처럼 거미줄을 통과

했다. 애들은 어느 때보다 눈을 반짝이고 깔깔거리며 거미줄에 몸이 닿으면 발각되는 첩보원처럼 이리저리 몸을 놀렸다. 다 놀고 나니 온몸은 땀으로 흠뻑 젖었다. 장기기억 상실증이라도 걸린 듯 어릴 때 일이 도통 기억나지 않는다는 아들도 이날의 기억만은 선명하다는 걸 보면 특별한 추억이긴 한가 보다.

도시에 살았던 우리는 아이들에게 자연을 좀 더 가까이에서 느끼게 해주고 싶어서 캠핑도 자주 다녔다. 버젓이 집을 놔두고 비좁은 텐트에서 대형 소꿉놀이를 하는 기분도 들었지만, 들인 고생에 비해 몇 배나 얻는 것이 많았다. 계곡물에서 물장구치고 놀다가 올챙이나 이름 모를 작은 물고기를 잡기도 하고, 풀숲에서 사마귀와 대치하며 그 대단한 앞발의 위력을 느껴보기도 했다. 가시 달린 밤송이에서 밤을 꺼내 까먹는 걸 그때가 아니었다면 우리가 함께 언제 할 수 있었을까.

캠핑을 여러 번 다녔어도 장소만 다를 뿐 대체로 비슷비슷한 기억으로 남아있는데 소백산에서의 캠핑은 잊지 못한다. 비 오는 날의 캠핑은 구질구질하지만, 그것이야말로 캠핑의 백미다. 저녁이 되면서 빗방울이 떨어지기 시작하더니 점점 굵어지며 밤새 억수같이 내렸다. 우리는 태어나서 한 번도 들어본 적 없는 빗소리를 들었다. 텐트 위로 '후드득후드득' 떨어지는 빗소리는 아파트에서 베란다 수챗구멍으로 들리던 소리와는 달랐다. 빗소리를 자장가 삼아 잠이 들었고 새벽까지 쏟아붓던 비에 텐트로 빗물이 들어오지 않을까 노심초사하며 잠을 설쳤다. 얼마나 귀한 추억인지. 아이들도 다른 캠핑은 기억이 온통 뒤섞였지만, 유독 텐트 위로 떨어지던 빗소리를 아직도 기억한다고 하니 말이다.

나라의 큰 사고 이후, 아이들이 수학여행을 갈 수 없게 되었다. 딸은 초등학교 6학년 때 처음이자 마지막으로 수학여행을 다녀왔고 아들은 얼마 전 고등학교 2학년이 돼서야 인생에서 첫 번째 수학여행을 다녀올 수 있었다. 아들이 6학년 때, 학창 시절에서 가장 잊지 못할 추억이 수학여행인데 못 가는 상황이 안쓰러워서 다른 추억이라도 만들어주고 싶었다.

아들과 친한 친구들 몇 명을 데리고, 멀지 않은 곳으로 캠핑하러 갔다. 애들 몇십 명을 데리고 2박 3일도 다녔기 때문에 몇 명 데리고 가는 정도는 일도 아니었다. 6학년 아이들이란 어른의 참견은 사양하므로 내가 해준 것이라곤 캠핑장까지 데려가서 밥 해주고 실컷 놀도록 판을 깔아준 것뿐이었다. 짧은 1박 2일이었지만 텐트 앞마당에서 배드민턴 치다가 지치면 잠시 쉬다가 족구도 하며 밤새도록 잠도 안 자고 자기들만의 세계에 빠져 추억을 만들었다. 아들은 요즘도 그 친구들과 만나면 가끔 그날의 캠핑 이야기를 한다고 하니 오래도록 잊지 못할 선물을 만들어준 건 분명하다.

　사춘기로 접어들기 시작하면서 아이들은 주말 가족 나들이에 불참 선언을 했다. 드디어 때가 왔구나 싶었다. 강제로 데려간다면 억지로 끌려온 아이의 기분도 기분이고 불퉁한 아이를 바라보는 내 마음은 또 어떨까. 아쉬운 마음이 컸지만, 그동안 아이들 위주의 나들이였다면 이제는 부부 취향의 나들이와 외식 메뉴를 선택할 수 있으니 얼마나 좋은가 하며 긍정적으로 생각하기로 했다. 그 후로 지금까지 우리 부부는 연애 시절로 돌아가 오붓한 데이트를 다시 즐기고 있다. 그동안 적지 않게 데리고 다녀서 다행이었다.

　딸은 어릴 때 봤던 호두까기 인형 발레의 한 장면이나 피아노 연주회, 오케스트라 연주회, 뮤지컬 공연을 감각으로 기억하고 있다. 반면에 아들은 기억창고를 아무리 뒤져봐도 텅텅 비었다고 해서 맥이 빠지기도 했다.

　어릴 때 했던 모든 경험을 기억할 수는 없다. 하나도 빠짐없이 기억해주기를 바라지는 않는다. 비 오는 날 우산을 쓰고 함께 동네 한 바퀴를 돌면서 빗물이 만든 물웅덩이에서 물장난을 쳤던 일이나, 풀잎에 앉은 빗방울을 한참 들여다보고 수챗구멍으로 폭포수처럼 쏟아져 내려오는 빗물을 보았던 일은 나만 기억해도 섭섭하지 않다.

똑같은 체험을 해도 다르게 남는 기억이다. 누구는 일곱 살 전에 해외여행을 그렇게 데리고 다녔는데 하나도 기억을 못 한다며 어릴 때 해주는 거 아무 의미 없다고도 말한다. 그러나 내 생각은 다르다. 왼쪽 네 번째 발가락 어디쯤에는 남아있지 않을까. 또렷하게 어디서 무엇을 했는지 기억하지는 못해도 잠재의식이나 무의식의 빙산 저 밑바닥에 가라앉아있지 않을까.

아이들과 많은 시간을 함께하면서도 대단한 의미가 있기를 바라거나 공부로 연결될 거라는 기대는 하지 않았다. 그 둘 사이의 관련성은 그다지 유의미하지 않음을 체험학습 프로그램으로 지친 학교 아이들을 보면서 진작에 깨달았다. 그런 내가 그렇게 시간과 열정을 쏟아부었던 까닭은 아이들과 깨가 쏟아지는 시간이 충분하지 않다는 것을 알고 있었기 때문이다. 역시나 아이들은 사춘기가 본격적으로 시작되자, 때가 왔다는 듯 어디든 따라나서지 않으려고 했다. 흔히 어린 시절 추억이라고 하면 주로 사춘기 이전까지의 기억을 떠올린다. 그때가 아니었다면 우리가 먼 훗날 마주 앉아 곱씹을 추억이 과연 얼마나 되며, 서로를 어떤 모습으로 그리워할 수나 있었을까. 딸은 언젠가 친구들과 이야기하다 놀랐다고 한다. 친구들에 비하면 자기는 어릴 때 꽤 많은 경험을 했다면서.

부모는 자식에게 되돌려받을 마음으로 해주지는 않는다. "내가 너한테 쏟은 정성이 얼마고, 너한테 들인 돈이 얼만데…" 하는 말을 들어본 적은 있다. 하지만 나중을 바라고 자식을 키우는 부모가 어디 있을까.

어느덧 아이들은 사춘기의 끝에 다다랐고, 그들이 걸어온 길은 부모로서의 나에게도 귀중한 유산이 되었다. 우리가 함께 한 시간은 추억이 되었고, 추억 속에 서로의 존재를 깊이 새겼다. 혹시나 아이들이 갖고 싶어 한다면, 부모가 되어서 그들의 아이에게 고스란히 전해주기를 바란다. 그것이 내가 전해주고 싶은 유산이다.

아이를 키우는 데 여전히 온 마을이 필요하다

'아이 한 명을 키우려면 온 마을이 필요하다'라는 유명한 말은 아프리카 나이지리아의 속담이다. 이 말을 거꾸로 하면 '온 마을이 무심하면 한 아이를 망칠 수도 있다'는 뜻이기도 하다는 어느 드라마의 대사처럼, 이 속담은 현재에도 여전히 유효하다. 학교에 근무하면서 이 속담을 피부로 실감한 경험이 있다.

근무하던 학교의 교장 퇴임식을 하는 날이었다. 퇴근 후 약속된 장소에서 퇴임식 행사를 끝내고 이제 막 식사하려고 숟가락을 드는 순간 폰이 울리며 모르는 번호가 떴다. 연세 지긋한 남자분의 목소리가 흘러나왔다. "아, 여기는 동서울 터미널인데요. 혹시 OO이 담임선생님 되십니꺼?"

동서울 터미널에서 연락이 온 것만도 놀라고 의아한 일인데 OO이를 왜 묻는 거지? 내가 담임인 건 어떻게 알고, 번호는 어떻게 알았을까. 온갖 생각이 머리를 휘저었지만 이내 불길한 예감을 안고 내가 담임이 맞는데 왜 그러시냐고 물었다. 그분은 어린아이가 터미널에서 혼자 돌아다니고 있길래 어디에 가느냐고 물었다고 한다. 아이는 외갓집에 갈 거라며 혼자 버스를 타고 간다고 했지만 이상한 느낌이 들어서 데리고 있는 중이라고 했다. 부모님 전화번호를 물어도 말을 안 하길래 간신히 다니는 학교를 알아냈고, 학교에서 내 번호를 알아내 연락한 것이었다.

놀라서 입이 안 다물어졌지만 감사하다는 인사부터 했다. 아이가 혼자 다닌다고 주의 깊게 봐주시고 걱정하는 마음으로 어떻게든 연락해주셔서 너무도 감사했다. 지금 바로 가겠지만 동서울터미널까지는 한 시간이 걸리니 그사이에 아이가 도망가지 않게 꼭 좀 지켜봐달라고 신신당부를 했다. 가는 동안 별생각이 다 들었다. 만약에 그대로 버스를 타고 갔다면 다음날엔 그 녀석의 집이며 학교가 발칵 뒤집혔을 것이다. 외갓집에 가고 싶으면 부모님한테 얘기하면 될 텐데 4학년밖에 안 된 어린아이가 왜 굳이 혼자서 그렇게까지 해야 했을까.

왕복 두 시간이 걸려서 아이를 데리고 왔다. 아이는 외갓집에 갈 수 있었는데 못 가고 들켜서 내 손에 끌려온 게 너무나 실망스러운 얼굴이었다. 왜 혼자서 외갓집에 가려고 했는지 물어도 고개를 푹 숙인 채 입은 앙다물고 있었다. 더 큰 문제는 밤이 깊어 캄캄한데 집에 데려다주겠다고 해도 절대 안 가겠다고 고집을 부렸다. 4학년이었지만 3학년으로 보일 정도로 몸집이 작고 깡마른 아이였는데 힘이 어찌나 센지 내가 잡아끌어도 다리를 땅에 박고는 꿈쩍도 안 했다.

아이를 내 집으로 데려갈까도 생각했지만 당시 나도 작은 방 한 칸에서 자취하는 중이라서 재울 곳이 없었다. 궁리 끝에 우리 반 한 아이의 엄마가 떠올랐다. 너무나 어려운 부탁이라서 망설였지만 전화를 해서 조심스럽게 입을 뗐다. 밤늦은 시간에 담임 전화를 받은 엄마는 깜짝 놀랐지만 사정을 듣더니 두 발 벗고 달려왔다. 엄마는 아이에게 어떤 말도 묻지 않고 데려가 재우겠다고 했다. 아이 집에는 따로 연락해서 상황을 설명했다.

다음 날 아침, 자리에 앉아 등교 맞이를 하는데 그 아이가 교실을 들어서는 모습을 보고 깜짝 놀랐다. 하룻밤 새 다른 아이가 되어있었다. 그렇게 멀끔하고 밝은 얼굴은 처음 봤다. 얼굴에서 빛이 나고 있었다. 그 엄마는 아이를 깨끗이 씻기고 저녁밥 든든히 챙겨 먹이고 따뜻한 잠자리도 챙겨줬을 뿐만 아니라, 아들이 작년에 입던 옷까지 예쁘게 입혀서 보냈다. 더 놀라운 건 늘 무표정이었던 아이 얼굴에 은은한 미소가 번졌고 쉬는 시간에 아이들과 놀며 살짝 입꼬리가 올라가기도 했다. 그 아이에게서 처음 보는 표정이었다. 하룻밤 새 사랑을 듬뿍 받은 얼굴이었고 편안해 보였다.

아이는 수업이 끝나고도 집으로는 절대로 가지 않겠다고 버텼다. 정말 난감했다. 어쩌지 못하고 있는 중에 어젯밤 아이를 돌봐준 엄마가 먼저 연락을 해서는 자기 아이와 함께 하교시켜 달라고 부탁했다. 나이에 비해 몸집이 너무 왜소한 아이가 안쓰럽다며 집에 가고 싶어할 때까지 보살필 테니 걱정하지 말라며 흔쾌히 아이를 맡아주겠다고 했다.

그날 오후에 바로 아이 아버지와 상담을 했다. 아버지는 한숨을 내쉬며 집안 사정을 이야기했다. 이혼하고 나서 아버지는 재혼을 했고 아버지는 바빠서 집에 늦게 들어오거나 안 들어오는 날도 많았다고 했다. 그동안 새엄마와의 사이는 좋지 않은 정도가 아니라 아주 나빴다고 한다. 어린 나이에 친엄마가 그리워서 외갓집에라도 가려고 저금통을 뜯어 차비를 마련해서는 그런 일을 저질렀나 보라며 한탄하셨다.

아이 아버지가 감추듯 말하는 눈치로 보아하니 아이가 새엄마에게 자주 맞은 듯했다. 아빠가 없는 동안 밥이나 제대로 얻어먹었을까, 얼마나 많이 맞았을까. 당시엔 아동학대 개념도 없던 때고 내가 담임이지만 뭘 어떻게 해줄 수 있는 일이 없었다. 아버지는 아이에게 더 많은 관심을 가지겠다고 말씀하셨다. 일주일 만에 아이는 집으로 돌아갔다. 그 일주일 동안 아이는 몰라보게 살이 붙고 키도 큰 것 같았다.

아이가 돌아간 후에도 그 엄마는 가끔 나에게 아이의 안부를 물었다. 부탁한 것도 아닌데 아들 편에 그 아이의 준비물까지 챙겨 보내거나 아들한테 친구와 함께 놀아주라는 부탁을 했다. 그래서 그런지 그 아이는 이전처럼 교실 한 구석에서 외톨이로 앉아있지 않았고 표정이 말할 수 없이 밝아졌다.

학년이 끝날 즈음 아이를 보살펴준 엄마와 그날의 그 사건에 대해 웃으며 이야기한 적이 있는데 아들과 같은 엄 씨라서 더 정이 갔다고 했다. 흔치 않은 성인데 우리 반에 엄 씨 성을 가진 남자아이가 딱 두 명 있었다. 맨 처음 그 엄마에게 연락하려고 했을 때는 경황이 없어서 그런 생각을 할 겨를도 없었는데 일이 모두 끝나고 보니 마치 우연처럼 둘 다 엄 씨였다. 하지만 그 엄마는 아이가 엄 씨가 아니었더라도 똑같이 했을 거다.

형편이 여유로우니까 그럴 수 있는 거 아니냐고 할 수도 있다. 하지만 그 엄마의 따뜻한 정과 진심 어린 보살핌은 단지 부유했기 때문은 아니었다. 터미널에서 아이를 지나치지 않고 연락해 준 분도 마찬가지다. 예전에는 이런 이웃이 흔했지만 각박해진 세상살이에 이게 어디 흔하고 쉬운 일인가.

내가 어릴 때는 지방 소도시에 살았는데 낮에는 집집마다 대문을 열어놓고 살았다. 집안 사람 모두 외출할 때나 걸어 잠그지, 평상시에는 누구라도 언제라도 들어오라는 듯이 문을 열고 살았다. 그래서 그때는 이집 저집 돌아다니며 동냥하는 거지도 많았다. 그런 분위기였으니 아이들은 동네 이집 저집을 내 집처럼 돌아치고 다니며 놀았고, 온 동네 아이들이 누구네 집 자식인지 모두가 알았다. 밥때가 되면 집에 놀러 온 아이를 내치지 않고 밥상에 수저 한 벌 더 놓아 꼭 밥을 먹여 보냈다.

　아이들은 옆집 아줌마를 이모나 숙모처럼 따랐고 어른들은 내 아이, 남의 아이 할 것 없이 모두를 내 아이 같은 마음으로 길렀다. 아이들도 혹시 잘못한 일이 있어서 옆집 아줌마한테 혼나더라도 이모한테 혼나듯이 받아들였다. 어떤 경우엔 내 아이와 옆집 아이가 싸우기라도 하면 내 아이부터 혼내고 사과시키기도 했다. 나도 가끔은 그런 일로 서러울 때가 있었지만 그렇게 자라서 얼마나 크게 마음의 상처를 받았는지 생각해보면 별로 없다. 아이 말은 들어보지도 않고 내 아이 먼저 사과시키는 게 맞다고 할 수는 없고 요즘 시대에는 맞지 않는 코드라고 할 수도 있다. 한치도 손해를 봐서는 안 되고 내가 먼저 숙이고 들어가면 얕잡혀서 바보 취급을 당하거나 오히려 화가 될 수도 있다고 생각하는 요즘이 아닌가. 그런데 세상이 정말 그럴까.

예전에는 방학이 시작됨과 동시에 친척 집마다 한 바퀴 순례를 하며 놀다보면 방학이 끝나곤 했다. 방학 내내 사촌들과 놀면서 형제와 다를바 없이 지내곤 했는데 그것도 옛날얘기가 됐다. 놀이터가 따로 없어도 동네 아이들과 골목길에서 놀다가 해가 꼴딱 넘어가서 배에서 꼬르륵 소리가 나야 집으로 돌아가곤 했다. 저녁상을 준비하던 엄마가 참지 못하고 뛰쳐나와 밥 먹으라는 소리에 더 놀지 못해서 아쉬워하며 집으로 돌아갔다.

요즘은 부모의 형제가 많지도 않으니 고모나 삼촌이라도 있으면 다행이고 그나마 가까이 살지 않는 경우엔 일 년에 한번 얼굴 보기도 힘들어졌다. 아이들 입장에서도 형제가 있으면 다행이고, 멀리 있는 사촌들과는 만나서 놀다가도 친해질 만하면 헤어지니 만날 때마다 서먹하다.

요즘 아이들의 대인관계도에서 친밀한 관계란 부모, 형제, 친구 관계가 고작이다. 형제라도 없는 아이들은 부모를 제외하면 친구를 통해 관계 욕구를 충족해야 한다. 사회적인 불안도가 높아졌기 때문인지, 전에 비해서 엄마를 대동하고 놀이터에서 노는 아이들이 많아졌다. 친구들과 어울려 놀고 싶어도 학교가 끝나면 아이들은 곧장 학원에 가기 바쁘다. 예전엔 마을 구석구석을 돌아다니며 놀기만 해도 하루가 어떻게 가는지 모를 정도였는데 이제는 친구들을 찾아다녀야 하는 세상이다. 친구를 만나게 하기 위해서 학원에 보낸다는 말이 그냥 하는 말이 아니다. 방과 후에는 학원이라도 가야 친구들을 만나니 말이다.

시대가 변하면서 점점 이웃을 믿지 못하고 가까운 사람도 조심해야 한다고 말하는 세상이 됐다. 엘리베이터에서 만난 아이를 예쁘다고 머리를 쓰다듬었다가는 강제추행죄로 몰릴 수도 있고, 제일 무서운 사람은 바로 옆집 아저씨라는 말이 결코 농담으로만 들리지 않는다. 불안한 부모들은 등하교를 체크하는 앱도 사용한다. 아무 연락 없이 학생이 제시간에 등교하지 않는다면 학교에서 제일 먼저 부모에게 연락을 하는데도 말이다.

부모가 불안하다고 24시간 내내 자녀의 일거수일투족까지 모든 것을 감시하며 살 수도 없고 아이를 꽁꽁 가둬두고 살 수도 없다. 그렇게 자란 아이는 부모의 불안을 고스란히 전달받아서 은연중에 세상은 믿지 못할 곳이라고 느낀다. 아이들은 부모가 세상을 바라보는 관점을 그대로 수용하기 때문이다.

세상이 불안한 듯 보이기도 하지만 사건, 사고가 옛날에는 없었던 것도 아니다. 예나 지금이나 안 좋은 일은 일어난다. 차이점이라면 대중매체의 발달로 좋은 소식보다는 자극적인 소식이 더 빨리 더 많이 전달되다 보니 요즘 들어 나쁜 일이 더 자주 일어나는 듯한 착각을 불러일으킨다. 하지만 세상에는 선한 의지를 가진 사람들이 훨씬 더 많다고 믿는다.

언제까지고 아이를 나의 두려움 안에 묶어두고 살 수는 없다. 아이도 이런 사람, 저런 사람들과 부대껴보며 세상을 경험해야 한다. 아이가 불안에 떨며 아무것도 못 하는 어른으로 자라게 하고 싶지는 않다. 마음껏 세상을 탐험하며 살아가길 바란다. 그것은 부모가 세상을 대하는 태도에 달려있다.

나부터 믿을만한 이웃이 돼주어야 하고 나도 이웃을 믿어야 한다. 동네 단골집 아저씨나 매일 마주치는 야쿠르트 아줌마가 지나치지 않고 건네는 따뜻한 말 한마디, 눈길 한번이 아이들에게는 비타민이 될 수 있다. 부족하다고 치명적이지는 않지만 적당히 섭취해야 좋은 비타민 말이다. 내가 먼저 세상 아이들을 관심 어린 시선과 애정으로 품는다면 돌고 돌아 내 아이에게도 미칠 것이다.

아이를 키우는 데 온 마을이 필요하다는 말은 부모 외에 주변 인들의 역할이 필요하다는 뜻이다. 드라마의 대사처럼 세상이 아이들에게 무관심하면 아이들이 제대로 자라지 못할 수도 있다. 달라진 세상에 적응하며 살아야 하는 게 삶이라지만 사람 사이의 정은 아직 유효하다고 믿는다. 예나 지금이나 여전히, 아이들에게는 온 마을의 관심과 애정이 필요하다.

3장
사춘기 양육의 빌런

정체를 드러내는 양육의 빌런은 바로 OO

녀석의 존재를 처음으로 인식하는 것은 아이가 태어난 지 얼마 안 돼서다. 발달연령에 맞춰 뒤집기를 하지 않으면, 배밀이를 하지 않으면, 걸음마를 떼지 않으면 조바심이 나기 시작한다. 아이가 한글을 읽고 숫자를 세기 시작하면 녀석의 본성이 서서히 드러난다. 사슴 반 친구 OO는 벌써 덧셈을 한다는데 내 아이는 이제 겨우 숫자를 아는 정도니 한참 늦어 보인다. 한동안 잠잠하다가 아이가 학교에 들어가 받아쓰기 시험을 시작하면 녀석이 다시 시커먼 속내를 드러낸다. 받아쓰기 시험에서 100점은커녕 80점 받기도 힘겨워하는 아이를 보니 걱정이 된다. 공부를 못하면 어쩌나 불안해지고, 학원이라도 알아봐야 하나 싶어진다.

그 녀석이란 다름 아닌, 아이가 본격적인 학령기가 시작되면 꿈틀거리고 올라오는 공부에 대한 비교, 걱정, 불안, 집착이다.

그 녀석 때문에 힘든 건 아이가 아니라 엄마인지도 모른다. 나 역시 아이는 공부에 별생각이 없어 보이는데 나 혼자만 안달이 났던 경험이 있다.

　나는 큰애(딸)가 초등학교 4학년이 될 때까지 집에서 수학을 봐줬다. 가르친 것이 아니라 봐줬다고 말하는 이유는 아이가 수학 문제집을 풀면 채점만 해주고 틀린 문제는 다시 풀게 했기 때문이다. 명색이 초등학교 교사인 엄마가 아이를 학원에 맡긴다는 게 영 내키지 않았다. 그렇다고 해서 평생 끼고 있을 생각은 없고 학원의 도움이 필요할 날이 언젠가는 올 테지만 할 수 있는 한 조금이라도 늦게 보내려고 발버둥을 쳤다.
　그러다 관계의 한계를 느끼기 시작했다. 수학뿐만이 아니라 전 과목을 다 가르칠 수도 있었지만 아무리 교사라도 엄마는 엄마일 뿐이었다. 우리 관계가 더 이상 파국으로 가지 않으려면 결단이 필요했다. 결국엔 학원을 알아보기로 했다. 동네 학원은 마땅치 않아서 집에서 조금 떨어진 대형 학원으로 알아봤다.
　레벨 테스트라는 입학시험을 치렀다. 결과는 '아이 수준에 맞는 레벨 반 없음'이었다. 크게 잘하지 못하는 줄이야 알고는 있었지만, 이 정도일 줄이야. 고이 마음 접으려는 나에게 학원은 제안했다. "마침 잘됐네요. 그렇지 않아도 조금 낮은 레벨의 반을 하나 만들려고 했는데 이참에 만들어야겠어요." 황송한 일이었다. 이래서 다들 학원, 학원 하는 건가 싶었다. 시간이 지나서야 그 학원은 주로 상위 레벨 아이들이 다니는 곳임을 알았고, 내 아이를 위해 만든 줄로만 알았던 새로운 반은 학원의 상술이었음을 알게 되었다. 단지 우리가 내는 학원비가 필요했던 것이다.

아이가 어느 학원에 다닐 것인지 결정할 때 보통 아이 의견은 거의 고려되지 않는 편이다. 대부분 엄마의 권한이라는 점에서 아이에게 적절한 타이밍과 수준에 맞는 선택이 중요하지만, 그런 사실도 어느 정도 사교육 경험을 하고 난 후에야 깨달았기 때문에 그 당시에는 몰랐다. 사교육을 시켜본 적이 없어서 학원 물정이라고는 몰랐던 나는 아이 수준에 맞지도 않는 학원에 데려가는 순진한 엄마였다. 그렇게 큰애는 한번 발을 들이면 빼기 힘들다는 학원 생활의 대장정을 시작했다. 그 후로 이 학원에서 저 학원으로 표류하듯 옮겨 다니는 학원 유목민 생활은 중학교 때까지 내내 이어졌다.

작은애는 남자아이고 큰애와 다섯 살 터울이다. 큰애와 작은애는 성별도 다르지만, 기질, 체질, 성향, 식성, 특기, 취미… 모두 달랐다. 성별이 같아도 많은 부분에서 다르기는 마찬가지다.

자매든 형제든 같은 성별에 연년생이면 비슷할 테니 키우기 쉽지 않을까 하는 예상은 어른들의 착각이라는 걸 아이들은 자라며 몸소 증명한다.

아들은 한글을 깨우치고 수를 인식하는 시기가 누나에 비해 빠른 편이었고 누나가 학습지를 하고 있으면 옆에서 자기도 하고 싶다며 군침을 흘리곤 했다. 아이의 그런 성향이 나를 착각하게 만들었고 빌런을 키운 화근이었다. 처음에는 아들 학습에 완급을 조절하려고 많은 것을 들이밀지는 않았다. 하지만 주어지는 대로 과제를 척척 해결하며 진도를 빼는 아이를 보며 내심 나의 기대는 부풀었고 혼자서 상상의 나래를 펼치기 시작했다.

엄마는 그렇다. 아이가 느리면 느린 대로 걱정, 빠르고 잘하는 것 같으면 거기에 맞춰서 또 어떻게 써포트해줘야 하는지 걱정한다. 아들은 영재학급에 들어가기도 하고 수학 학원 상위 클래스에 합격해서 내 기대를 한껏 부풀렸다. '큰애가 채워주지 못한 공부에 대한 기대를 이 아이가 채워줄지도 몰라' 하면서 말이다.

그러던 아이는 중학교에 들어가자 좋아하는 수학 외에는 모두 손을 놓았다. 어릴 때 지적 호기심이 흘러넘쳤던 그 아이가 맞나 싶었다. 아들은 나의 기대에 찬물을 끼얹었다. 생각해보면 아이가 나에게 기대를 하라고 한 적도 없다. 나 혼자 기대에 들떠 북 치고 장구 치고 춤추고 했던 거다. 아이는 그냥 자신의 길을 가고 있었다.

큰애가 중학교에 들어가더니 연극배우 분장을 한 듯 얼굴에 새하얗게 분칠을 하고 다니기 시작했다. 지금은 쌩얼 화장이 유행이라서 그런 애들이 없지만, 그때만 해도 아이들 사이에서는 얼굴과 목의 경계선이 뚜렷한 '나 화장했어요'라는 식의 가부키 화장이 유행이었다. 어린 피부에 두꺼운 떡칠 화장을 보면 내가 다 숨이 막히고 갑갑했다.

어느 날, 화장으로 말다툼을 하던 중에 아이는 전교 1등도 화장하고 다닌다며 항변했다. 거기에 대고 "그러면 멋있기라도 하지."라는 말이 나도 모르게 튀어나왔다. 공부만 잘한다면 네가 무슨 짓을 해도 모두 용서된다는 뉘앙스였다. 나에게 그런 마음이 숨어있는 줄 몰랐는데, 툭 튀어나온 마음의 소리였다. 학교에서 반 애들한테는 "공부가 뭐 중요하니, 공부 못해도 잘 살 수 있어."라고 말하면서, 내 자식에게는 그렇지 못하는 이중인격이 여실히 드러나는 순간이었다.

화장이 곱게 보이지 않는 진짜 이유는 어쩌면 화장 때문이 아니라 다른 이유는 아닐까. 사고 실험(?)을 했다. 화장을 상수로 놓고 공부를 변수로 놓았을 때 내 마음의 결괏값이 이래도 한심하고 저래도 한심하다면? 나의 문제는 공부가 아니라 화장이다.

그런데 같은 조건에서 내 마음의 결괏값이 공부를 못했을 때는 한심하지만, 전교 1등을 했을 때 화장하고 다니는 정도는 괜찮을 것 같다고 한다면? 나에게 문제는 화장이 아니라 아이의 공부다. 도식화하면 아래와 같다.

화장 * 공부 못함 = 한심해	화장 * 공부 못함 = 한심해
화장 * 전교 1등 = 똑같이 한심할 것 같아	화장 * 전교 1등 = 괜찮을 것 같아
⇓	⇓
화장이 문제	공부가 문제

그렇다. 아이의 화장을 트집 잡지만 나에게 진짜 문제는 공부였다. 아이가 공부를 잘한다면 모든 행동이 곱게 보일 것도 같았다. 폭탄 떨어진 듯, 옷과 학용품이 파편처럼 어질러진 방도 용서가 될 것 같았다. 전교 1등이라면 구시렁거리지 않고 조용히 방을 정리해 줄 수 있을 것 같았다.

아이들이 크면 양육이 쉬워질 줄 알았는데 뒤통수 맞은 기분이었다. 쉬워진 건 딱 하나, 몸은 편해졌다. 몸이 편해진 대신 마음은 이전의 제곱만큼 힘들어진 기분이었다. 아이들이 내 마음같이 커 준다면 힘들게 하나도 없을 것 같은데 그런 일은 일어나지 않는다. 아이들은 제각각이고 부모 어릴 때의 모습과도 다르다. 자녀를 보면서 대체 '쟤는 누굴 닮아서 저런 걸까?' 하며 나어릴 때나 남편 어릴 때 모습과 비교해봐도 다른 아이다. 우리가 낳았지만 제3의 인물이며 완전히 다른 인격체다.

나와 다르다는 점은 인정하겠는데, 그와는 별개로 나는 아이가 공부를 잘하기를 바라고 있는 것은 확실했다. 그 마음의 정체가 뭔지 몰라 개운하지 않았다. 이것을 해결하지 못하면 아이의 사춘기 내내 '공부'라는 문제가 걸림돌이 될 것 같았다. '진정 아이를 위하는 마음일까?', '이 마음은 온당한가?'라는 질문이 머리에서 떠나지 않았다.

다 너를 위해서, 너 잘되라고 그러는 거라고 했지만 아이의 의견은 물어보지 않은 채 공부는 당연한 책임이자 의무인 듯 취급했다. 그때까지만 해도 나는, 공부란 학생이 당연히 해야 할 과업이자 도리라고 여겼다. 한 치의 의심 없이 학창 시절에 나는 그런 마음으로 공부했고, 교사가 되고 나서 학생들에게도 그렇게 말해왔다.

그런데 내 바람대로만 가지 않는 아이들을 마주한 순간 당혹스러웠다. 아이는 공부에 관심이 없었고 공부에 대한 욕망은 나만의 바람이었다. 내가 바라는 모습의 프레임을 짜놓고 내 성에 차도록 아이를 몰아가려 하고 있었다.

아이가 공부 소질이 안 보이고 공부하기 싫어한다면 안 시키면 되는 거 아닌가. 공부가 아니라 다른 쪽의 소질이 보인다면 그쪽으로 밀어주면 될 일이 아닌가. 그런데 아이가 공부를 못하면 왠지 찌질하게 살 것 같았고, 공부가 아닌 다른 쪽도 결코 쉬운 길은 아니기에 만만치 않아 보였다. 공부를 안(못) 하고 어른이 된 아이를 혼자 상상했다. 어른이 되어 변변치 않게 사는 아이 모습을 상상하자 아이도 힘들겠지만, 그 모습을 지켜보는 내가 더 괴로울 것 같았다.

　마음속을 헤집어 들여다보았다. 저 밑바닥에는 내 아이가 공부를 잘해서 남들보다 잘 먹고 잘살기를 바라는 욕심, 그런 아이를 흐뭇하게 바라보고 싶은 나의 이기심이 있었다. 나보다 잘살기를 바라며, 그것을 흡족하게 바라보고 싶은 내가 있었다. 그보다 더 깊숙한 곳에는 아이가 공부를 잘해서 남 보기 부끄럽지 않기를 바라는, 다분히 타인의 시선과 평가를 의식하는 마음이 있었다. 내가 보기에도 남 보기에도 흐뭇한 대학에 가고 번듯한 직장에 취직해서 부모 체면을 세워주기를 바라는 마음, 자식 농사 잘 지었다는 소리에 어깨를 으쓱하고 싶은 마음도 없지 않았다.

　그런 마음은 부모라면 당연하지 않으냐고 할지도 모르지만 아이에게 공부를 해야 할 마땅한 근거로 내밀기에는 스스로 당당하지 않았다. 내 욕심으로 공부를 시키려는 것이 과연 부모의 당연한 마음이며 진정으로 아이를 위한 마음일까, 하는 의구심은 떠나지 않았다. 한동안 고민하고 나서야 내 자식이 잘사는 모습을 보고 싶은 부모 마음은 인지상정이지만 그렇다고 해서 그 마음으로 공부를 강권한다면 그것은 온당하지는 않다는 결론에 이르렀다.

아이가 어릴 때는 잘 자고 잘 먹고 몸과 마음이 건강하기만 바란다. 그러다 본격적인 학령기가 시작되면 다른 생각이 들기 시작한다. 공부가 양육 갈등의 주된 요인이 된다. 빌런의 정체다. 요즘은 학교에 입학하기 전부터 학습을 시키니 그 갈등은 유아기부터 시작된다. 점차 불안해지기 시작한다. '나보다는 잘살아야 하는데, 나보다 못한 인생을 살게 되면 어쩌나. 나중에 제대로 된 직장에 취업해서 제 밥벌이나 할 수 있을까?' 하며 걱정한다. 아이가 잘되기를 바라는 마음이라고 하지만 조금만 각도를 비켜서 바라보면 내 욕심이다.

바람과 욕심은 한 끗 차이다. 부모로서 내 아이가 잘되기를 바라는 마음이야 당연하다. 문제는 어디까지가 바람이고 어디부터가 욕심인지 선명하지 않다는 것이다. 바람이 선을 넘으면 욕심이 되는데 그 선이 분명하지 않다. 선을 밟으면 버저라도 울리면 좋겠는데 말이다. 바람을 조절하는 것은 오직 부모에게 달린 일이다.

지인 중에 명문대를 나와서 안정적인 직장에서 일하는 딸을 둔 인생 선배가 있다. 그것만으로도 충분히 남들의 부러움을 살 만한데, 그에 더해 번듯한 직장과 스펙이 뛰어난 능력남을 만나 결혼했다. 그분의 말씀이 인상적이었다. "자식이 좋은 대학 출신인 거, 부모에게 좋을 거 별로 없다. 딱 하나 좋은 게 있어. 대학 합격했을 때. 남들에게 자랑하기 좋은 거. 그뿐이야." 부러운 눈으로 보는 사람들에게 마음 편하라고 해주는 위안의 말씀인지는 몰라도, 자식 공부에 너무 목맬 필요가 없다는 말씀을 에둘러 해주셨다.

그분 말씀이 아니더라도 내 아이들과 크고 작은 일을 겪으며, 자식 공부에 집착할 필요가 없다는 결론을 내렸다. 자녀의 인생은 자녀의 것이며, 자녀의 선택과 결과를 존중해주는 것이 부모로서 해야 할 역할이라고 믿게 되었다.

좋은 부모가 되려고 닳도록 읽었던 육아서에는 먼지가 쌓여간다. 언제부턴가 부모는 아이의 학습정보를 찾아 어디까지 선행해야 하는지 계획을 짜는 학습 매니저가 됐다. 아이가 어릴 때 마음을 헤아려주던 감정 읽기의 기억은 가물가물하고 어느새 양육의 중심이 공부가 됐다. 부모가 자녀의 공부에 집착하면 할수록 빌런은 활개를 친다. 부모와 아이 사이에 갈등을 유발하고 관계를 악화시킨다.

사춘기 자녀 양육을 힘들게 했던 것은 달라진 사춘기 아이가 아니라 내 안의 빌런이었다. 아이들 공부에 대한 나의 집착을 내려놓기 시작하면서 사춘기 양육이 조금씩 편해지기 시작했다. 아이 인생에 대한 욕심은 부모가 낼 것이 아니라 아이 스스로 내야 한다.

비범한 아이와 평범한 아이

일란성 쌍둥이를 담임한 적이 있다. 얼굴에 있는 점의 위치만 빼면 복사해서 붙이기를 한 듯이 똑같았다. 눈으로는 도저히 구분이 안 돼서 한동안 두 명의 이름을 바꿔 부르기 일쑤였다. 나만 그런 게 아니라 반 아이들도 두 친구를 구분하지 못해서 "네가 누구더라?" 확인하고 나서 이름을 부를 때가 많았다.

그런데 한 달 정도 지나고 나니 두 아이가 확실히 구별되기 시작했다. 눈빛이나 몸짓, 표정에는 오래 본 사람만 느낄 수 있는 차이가 있다. 쌍둥이도 그런데 터울이 있는 아이들은 어떨까. 두 아이를 키우다 보니 그렇게 하지 않으려고 해도 둘의 다른 점이 자꾸만 눈에 들어왔다.

누가 더 낫고 누가 못하다는 것이 아니다. '첫째는 언제 걸음마를 했는데 둘째는 한 달 더 빠르네' 하는 식이다. 기저귀 떼는 시기도 차이가 나고 한글을 읽고 쓰기 시작하는 타이밍도 차이가 느껴진다. 그러다 학교에 들어가면 공부나 학교생활에서도 차이를 드러낸다. 둘이 비슷하게 잘하거나 비슷하게 못한다면 그러려니 하겠지만 한 명이 뛰어나면 엄마가 가운데서 균형 잡기가 힘들다.

형제가 나이 차이라도 크게 나면 조금 덜 할 수도 있는데, 한두 살 차이밖에 안 나면 라이벌 의식이 심각한 일도 있다. 형제 중에서 학급 임원 선거에 나가기만 하면 당선이 되는 아이도 있지만, 번번이 고배를 마시는 아이도 있다. 엄마는 낙담한 아이 앞에서 임원으로 뽑힌 아이를 마냥 크게 칭찬할 수도 없다.

큰애가 딸이고 작은애가 아들인데 나이 차는 다섯 살이다. 남매에 다섯 살 차이니 둘 사이의 라이벌 의식이 크지 않겠다고 여길 수 있지만 그렇지도 않다. 첫째가 5학년 때로 기억하는데 조선시대 왕 순서를 외우는 과제를 주고 아이에게 몇 번을 확인했다. 아이는 다시 외우기를 반복해도 어느 부분에서 막히곤 했다.

그때 우리 옆에서 장난감을 갖고 놀던 작은애가 "엄마, 내가 해볼까?"라고 했다. 일곱 살 아이가 옆에서 몇 번 주워듣고는 설마 외울까 싶어서 별 기대 없이 해보라고 했다. 아이는 막힘없이 줄줄 외웠다. 딸은 나와 눈을 맞추더니 이내 회동그래졌다.

그리고 나서 바로 눈에 불을 켜고 왕 순서를 외우기 시작했고 금세 과제를 끝냈다.

큰애가 혼나기라도 하면 작은애는 몸가짐을 바르게 하고 조용히 앉아 책을 읽는다. 아니, 책 읽는 척을 한다. 그 아이만의 생존전략이다. 혹시라도 불똥이 자기에게 튈까 하는 마음인 건지, 자기는 이렇게 잘하고 있다는 걸 보여주려는 어필인지 모르겠지만 웃음이 난다. 타고난 품성도 있겠지만 누나를 보면서 학습이 되어 혼나지 않으려면 어떻게 해야 하는지 깨달으며 눈치백 단이 됐다. 보통 둘째 아이가 가진 고유한 특성이라는 의견에 동의한다.

첫째에 대한 기대가 크다고 하지만 첫째가 겪는 장남 콤플렉스나 장녀 콤플렉스는 팩트에 가깝다. 나도 장녀로 자라서 첫째가 느끼는 억울한 감정을 잘 안다. 보통 첫째라는 이유로 더해지는 꾸지람이나 체벌, 동생에 비해 무거운 책임감 등이 있다. 물론 가운데 낀 둘째나 막내가 느끼는 서러움도 존재한다. 반면 막내는 내리사랑이 고이는 저수지다. 막내들이란 가방 메고 학교만 다녀도 장하고 기특하다. 형제가 많은 집에서는 첫째부터 시행착오를 거쳐 막내에 다다르면 부모는 기대를 내려놓다 못해 씨가 말라서 여유롭고 관대해진다.

작은애의 똘똘함은 가끔 주변인들을 놀라게 하곤 했다. 대여섯 살쯤에는 누나가 가정학습지 하는 모습을 보더니 자기도 한 자를 하고 싶다고 하도 졸라대서 시켜줬다. 학습지 선생님 말씀으로는 이렇게 진도가 빨리 나가는 친구가 없다고 했다. 한번은 아이가 여섯 살이었을 때 과학 수업 중에 "물을 어떻게 자를 수 있을까?"라는 선생님 질문에 "얼려서 자르면 돼요."라고 대답했다. 선생님은 지금까지 이런 생각을 한 아이는 본 적이 없다며 신동이라도 발견한 듯 놀라워했다.

유치원 선생님이나 여러 선생님 말씀을 들으면서 혹시 아들이 영재가 아닐까 싶은 적도 있었다. 아들을 향한 기대가 꿈틀거리기 시작하면서 '뭘 어떻게 해줘야 하나?' 하며 마음만 앞섰다. 정보가 없는 나로서는 인터넷에서 유명하다는 카페에 가입해서 온갖 말들에 휘둘리기도 했다.

결론을 말하자면 아들은 전혀 영재가 아니다. 어릴 때 잠깐 또래에 비해 빠른 이해력이나 기억력을 보였고, 어린아이라면 누구나 가진 그 나이 때 특유의 창의성을 보인 것뿐이었다. 그 모습을 보고 나는 설레발을 치며 고슴도치 엄마가 됐던 거다. 본인이 원해서 수학 선행도 시켰지만, 고등학교에 가더니 선행을 하지 않았던 아이들과 모두 같은 지점에서 만나 결국엔 같은 길을 가고 있다. 빨리 출발하면 앞서갈 거라고 짐작하지만 수능

날짜는 모두에게 똑같다. 지금 고3인 아들은 선행을 몇 번 돌았는지가 중요한 게 아니라 한 번을 하더라도 얼마나 다지고 다지면서 했는지가 훨씬 더 중요하다고 본인 입으로 말한다. 실로 공부란 토끼 전략보다 거북이 전략이 나음을 다시 한번 알게 됐다.

'영재다, 아니다' 하는 틀에 가두는 것은 두뇌가 한창 성장하는 중인 아이들에게는 맞지 않는 말이다. 어릴 때는 전혀 그런 기미가 없던 아이가 노력으로 뛰어난 성취를 이뤄내서 어른이 된 후에 천재 소리를 듣는 사람도 있다. 우리나라 최초로 필즈상을 수상한 허준이 교수만 봐도 초등학교 때는 수학을 잘하지 못했다. 초등학교 2학년 때 완성해야 한다는 구구단을 그때는 외우지도 못했고 문제집을 풀기 싫어서 해답을 베껴 적다가 아버지에게 들켜 혼나기도 했다. 수학영재의 모습과는 거리가 멀어도 한참 멀었던 아이가 훗날 수학의 노벨상이라고 불리는 필즈상을 수상했다.

학교에서 많은 아이를 만났지만, 영재성을 보이는 아이를 내 눈으로 직접 본 적은 없다. 내가 알아보는 눈이 없었는지도 모르겠다. 학교 교육이란 보통의 교육을 지향하기 때문에 드러날 기회가 없었을 수도 있다. 예체능에서 뛰어난 재능을 갖고 있어도 학교에서 하는 수업은 평이하므로 영재성이 크게 두드러져 보이지 않기도 한다. 영재의 기준을 어떻게 정하느냐의 문제도 있지만, 초등은 너무 어려서 영재라고 단정하기엔 섣부른 면도 분명 있다.

5학년을 담임할 때 한 남학생이 기억난다. 학부모 상담에서 만난 어머니는 아들에 대해 자부심이 강하고 기대가 크다는 것을 감추지 않았다. 수학 학원 최고 반에 들어가기 위해 따로 과외 수업을 받고 있다고 했다. 나중에 알고 보니 그 학원은 교육열에 불타는 엄마들 사이에서 그곳에 보내기 위해 새끼 학원을 보낼 정도로 인기가 많은 유명 수학 학원이었다.

아이를 지켜보니 수학을 잘하는 것보다 친구들과 잘 지내는 편이 아이의 인생에 훨씬 더 중요해 보였다. 물론 아이들이란 크면서 백번도 더 변하니까 그 아이가 앞으로 어떻게 자랄지 알 수 없고, 그렇기에 함부로 말하기 조심스럽지만 말이다. 아무튼 그 아이는 엄마의 지나친 학업 푸시에 지친 약간의 번 아웃 증상을 보였다.

어떤 아이가 두각을 나타낸다 싶으면 많은 엄마는 그 아이가 어느 학원에 다니는지, 어떤 책을 읽는지, 진도가 어디까지 나갔는지 궁금해한다. 그 아이가 다니는 학원에 보낸다면 내 아이도 그런 결과가 나올 것만 같다. 그런 기대감으로 그 아이가 읽었다는 책을 읽히고 진도를 따라잡기 위해 아이에게 고군분투시킨다.

엄마의 바람대로 같은 길을 따라가면 같은 결과가 나올까. 결과는 알 수 없다. 그러한 결과가 나온 원인은 눈에 보이는 몇 가지 이유 때문이 아니다. 유전 인자를 포함해 아이 자신의 의지와 끈기, 부모가 제공하는 물리적, 정서적 환경 등 여러 가지 복합적인 요소가 작용해 화학반응을 일으킨 결과이다. 콕 짚어 무엇 때문이라고 말하기 어렵다.

그런데도 많은 엄마는 주변의 잘한다는 아이의 길을 따라 내 아이에게 적용하려고 한다. 이것은 마치 내 아이가 달걀을 품으면 에디슨이 될지도 모른다고 기대하는 것과 비슷하다. 내 아이에게 맞는 길은 따로 있다. 내 아이의 결에 맞는 길을 찾아가도록 도와주어야 한다.

에디슨이 되려면 최소한 아이 스스로 달걀을 찾아서 품고 싶어야 한다. 그러니 부모는 달걀을 건네주며 품으라고 하지 말고, 어떻게 하면 아이 스스로 그런 마음이 생기게 할지 고민해야 하지 않을까.

진짜 영재라면 낭중지추(囊中之錐 '주머니 속의 송곳'이라는 뜻으로, 재능이 뛰어난 사람은 숨어 있어도 저절로 사람들에게 알려짐을 이르는 말)라는 말처럼, 어디에 있든 드러나게 마련이다. 아이가 영재가 아니면 또 어떤가. 우리 사회의 구성원은 보통의 평범한 사람들이 대부분이다. 그 사이를 비집고 내 아이가 특별한 사람이 되기를 바랄 수는 있다. 그러나 비범함 뒤에는 안 보이는 고통이 따르기도 한다. 영재로 태어나서 평범하게 살아가는 사람도 있다. 자신이 주체적으로 선택한 삶이므로 안타까워할 일도 아니다. 그 좋은 머리를 인류를 위해 사용하면 얼마나 좋겠냐고 말할지도 모르지만, 그에게 그런 삶을 강요할 수는 없다. 어떤 선택이든 모든 삶은 소중하고 각자의 선택을 존중해야 하니까.

아이가 영재든 평범하든 아이 자신으로 존재하며 자기 주체성으로 살아야 한다. 어느 쪽 삶이 더 낫다고 할 수 없으며 부모가 결정할 일도 아니다. 아이 인생의 키는 아이가 쥐고 있다.

똥줄이 타야 책상에 앉는다

인간 본성에 청개구리 심보가 기본으로 장착돼있는지도 모르겠다. 멀쩡히 하고 싶었던 일도 누가 하라고 하면 왠지 하기 싫어지기 때문이다.

아이들에게는 공부가 그렇다. 이제 막 게임을 끝내고 공부하려는데 때마침 엄마가 들어온다. 엄마는 "아직도 게임이야? 대체 공부는 언제 할 건데?"라며 쏘아붙인다. 왜 이렇게 타이밍이 안 맞는지. 아이들은 돼지를 잡아먹은 늑대라도 된 것처럼 억울할 만하다. 기껏 하려고 마음먹었던 공부도 할 맛이 뚝 떨어진다. 내 부모님께 감사하는 것은 바로 나의 청개구리 심보를 건드리지 않았다는 점이다.

내가 초등학교 시절에는 학교에서 한 달에 한 번씩 공식적으로 시험을 보고 통지표를 받았다. 잘하지도 못하지도 않는 어중간한 성적이었다. 그래도 부모님은 공부하라는 압박이나 잔소리를 거의 하지 않으셨다. 고학년 무렵부터는 혼자 계획을 세워서 시험공부를 했다. 노력한 만큼 성과가 나오는 게 조금씩 느껴지니 공부가 재미있어지기 시작했다. 그러다 머리가 커지면서 깨달았다. 집의 형편이 좋은 것도 아니니 내가 더 나은 삶을 살기 위해서는 공부라도 열심히 해서 대학에 가는 수밖에 없겠다고. 나의 공부 동기는 결핍과 성취감이었고 목표는 대학에 가는 것이었다.

나의 공부 히스토리는 그러했지만 내 자식에게도 똑같이 적용할 수는 없는 일이었다. 큰애가 중학교 2학년 때 영어 과외를 하면서 있었던 일이다. 선생님이 도착하기 한 시간 전부터 우리는 바빴다. 아이를 앉히고 단어시험을 쳐야 했다. 선생님이 나에게 내준 숙제였다. 수업은 두 시간인데 단어테스트 하느라 시간을 까먹으니 미리 엄마가 테스트를 봐달라는 부탁이었다. 못할 이유가 없었다. 밀도 있는 수업이 될 테니 감사한 일이고 어려운 일도 아니니 기꺼이 하기로 했다.

그날도 아이를 식탁 맞은 편에 앉히고 테스트를 했다. 내가 단어 뜻을 불러주고 아이가 영어단어를 적기 시작했는데 한참 하다가 보니 눈치가 수상했다. 계속 어딘가 힐끔거리고 눈알을 데굴데굴 돌리며 불안정했다. 뭐지 싶으면서도 얼른 끝내고 재시험을 또 해야 하니 서둘렀지만 아무리 봐도 이상했다. 평소에는 안 그러던 아이가 고개를 까딱까딱하면서 눈이 자꾸 어딘가로 향했다. 허벅지였다. 내가 재빨리 아이의 허벅지를 보려고 하자 아이는 몸을 웅크렸다. 한여름이라 짧은 반바지를 입어서 맨살이 훤히 드러난 허벅지엔 깨알같이 영어단어가 쓰여있었다. 기가 막혔다. 교사 경력 20년 엄마의 바로 코앞에서 이런 짓을 한 딸이 참으로 대담해 보였다.

나는 어처구니 없는 심정으로 아이에게 물었다.

"언제부터야? 지금까지 계속 이렇게 시험 본 거야?"

아이는 기어들어가는 목소리로 말했다.

"오늘이 처음이야."

정말 오늘이 처음일까 싶었지만, 일단은 그렇게 믿어보기로 했다.

"왜 그랬어?"

"…… 잘하고 싶어서…."

뚜껑이 열렸다.

"잘하고 싶으면 실력으로 잘해야지. 겨우 이런 식으로 잘하는 게 무슨 소용이야."

버럭 소리를 지르고 그날의 시험을 중단했다.

어디서부터 잘못됐는지 되짚어봤다. 공부를 잘하라고 강요한 적도 없는데 잘하고 싶어서 그랬다는 아이의 말을 이해할 수 없었다. 생각해보면 아이가 먼저 영어를 잘하고 싶다고 욕심을 부린 적도, 과외를 시켜달라고 한 적도 없었다. 초등학교 때도 그랬다. 겨우 학교 숙제나 학원 숙제를 빠트리지 않고 해가는 정도의 성실함을 증명하는 아이였다.

그날 영어 수업이 끝난 후에 아이와 대화를 나눴다. 아이 말을 들어 보니 영어 공부의 강도가 감당하기엔 벅찼나 보다. 그렇다고 솔직하게 말은 못 하겠고, 엄마한테 인정받고는 싶은데 자기 힘에 부치니 그런 식으로라도 했던 모양이다. 강제적인 공부의 부작용이었다.

학교에 많은 아이들을 보며 공부란 억지로 해서는 안 된다는 것을 너무도 잘 알고 있지 않나. 아이는 영어 공부를 왜 해야 하는지, 목적이 무엇인지 알지 못한 채 엄마의 권유에 마지못해 끌려가고 있었다. 나만 아이 공부에 안달하고 있었다. 아이 스스로 공부의 필요성을 모른 채로 하는 것은 더 이상 소용없는 일이라는 생각이 들었다.

배에서 꼬르륵 소리가 날 때까지 놀았던 내 어린 시절에 비하면 원치도 않는 공부에 시달려 온 아이가 안쓰럽기도 했다. 내가 어릴 때 혼자서 궁리하며 미래를 계획하다가 공부를 해야 한다는 결론에 이르렀듯이 아이에게도 그런 시간이 필요했다. 아이 스스로 공부의 필요성을 느끼고 해야겠다는 동기가 일어날 때까지 시간을 줘야겠다는 생각이 들었다. 나의 부모가 나에게 그랬듯 공부에 관한 한 무심해지고 온전히 아이에게 맡겨보자 싶었다.

  고민 끝에 과외를 끊고 나서부터는 공부에 대한 말을 일절 하지 않았다. 처음에 아이는 정말 이래도 되나 하면서 약간 불안해 보이기도 했지만 이내 마음껏 자유를 즐겼다. 학교 끝나고 집에 와서는 시간이 남아도니 꿀 같은 나날을 보냈다. 나도 눈치 주지 않았고 마음껏 쉬게 두었다. 옆에서 지켜보는 마음이 하나도 불안하지 않았다면 거짓말이다. 하지만 아이가 먼저 공부 이야기를 하기 전에는 한 마디도 꺼내지 않겠다며 입술을 깨물었다. 막연하게 기다리긴 했지만 과연 언제 아이가 스스로 공부할 마음을 먹을지는 알 수 없는 일이었다. 일 년이 될지 이 년이 될지.

  봄에 그 사건이 있고 몇 달을 노닥거리던 아이가 늦가을의 어느 날 영어 학원에 다니고 싶다고 했다. 자신이 알아보기에는 힘드니 엄마가 알아봐달라고 했다. 나는 못 이기는 척 몇 개의 학원을 보기로 골라주었다. 아이는 그중에 하나를 골라서 다니기 시작했다. 공부의 주도권을 아이가 스스로 가져간 순간이었다.

'내가 미래에 어떤 모습으로 살고 싶은지, 그렇게 살려면 지금 무엇을 어떻게 해야 하는지' 궁리할 시간이 충분히 있어야 한다. 깨닫는 때는 개인차가 있다. 아주 빠른 아이는 초등학교 시절에 깨닫기도 하지만 그런 아이들은 극히 드물고 사춘기를 맞으면 급변할 수도 있다. 빨라야 중학교 때고 늦으면 입시가 코앞에 닥친 고3이 돼서야 깨닫거나 더 늦어질 수도 있다. 지켜보는 부모 입장에서는 하루라도 빠르면 좋겠는데 아이가 언제쯤 공부할 마음을 먹을지는 알 수 없는 일이다.

어떤 아이들은 그렇게 고민한 결과 내 인생에서 공부는 크게 중요하지 않다고 결정할 수도 있다. 아이가 그렇게 결정한다면 나는 아이 의견에 따를 생각이었다. 아이 인생의 주도권은 아이가 가져야 한다고 생각했기 때문이다. 사춘기 아이들이 생각이 없을 것 같지만 나는 아이들을 믿는다. 학교에서 만난 아이 중에 자기 인생을 대충 막살고 싶어 하는 아이는 한 명도 본 적이 없다. 가끔 말썽을 일으키는 아이들도 그 원인을 찾아 들어가면 그럴만했겠다 싶은 사정이 있고 진짜 속마음은 관심과 사랑을 그리워하며 잘하고 싶어하고 칭찬받고 싶어한다.

자기 인생을 소중하게 여기며, 자신의 미래를 아름답게 구상하고 설계하려는 아이들의 마음을 믿는다. 그런 믿음으로 딸에게 시간을 주고 기다릴 수 있었다. 생각이 없는 줄 알았던 딸도 무르익을 때까지 기다려주니 마침내는 자기 인생의 방향을 잡고 스스로 공부해야겠다는 마음을 먹었다. 모든 아이들은 생각하는 힘이 충분히 있다. 만약, 대학에 안 가기로 결정했다면 그럴만한 이유가 있다고도 믿는다.

  수학능력시험을 치르지 않는 아이들도 많다. 수능일이 되면 온 나라가 떠들썩해서 모든 열아홉 살 아이들이 수능을 치른다고 여기지만 현실은 그렇지 않다. 특성화고등학교의 많은 아이는 수능과는 거리가 멀고, 일반고 아이 중에서도 수능에 응시하지 않는 아이들도 꽤 있다. 수능 응시표가 상점에서 쿠폰처럼 사용되다 보니 시험을 치르지 않은 열아홉 살 아이들은 소외감을 느낀다고 한다. 그 나이라면 마땅히 해야 할 일을 하지 않은 주변인처럼 느껴졌다는 어느 열아홉 살 아이의 말도 들었다. 대학에 가지 않고도 혹은 대학에 갔지만 개인 사정으로 졸업을 하지는 않고도 잘 사는 사람들은 많다. 잘 사는 기준을 어느 대학을 나와 어떤 직장에 다니는가로만 평가하지 않는다면 말이다.

  우리 부부는 대학은 부모의 과제가 아니라 아이들 자신의 선택에 달린 문제로 보았다. 아이들이 어릴 때부터 자주 이야기했던 것 중 하나가, 대학을 가고 안 가고는 너희가 스스로 결정할 문제라는 것이었다. 초등학교 때만 해도 이런 말을 하면 아이들은 깊이 생각하지도 않고 대번에 "난 갈 거야."라고 했지만, 중학생이 돼서는 코앞에 닥친 인생의 문제로 인식하고 진지하게 심사숙고하기 시작했다.

만약에 아이들이 신중히 고민한 끝에 대학에 가지 않겠다고 결정했다면 진심으로 존중해줄 마음이었다. 우리는 대학을 반드시 가야 하는 필수 코스라고 생각하지 않았기 때문이다. 아이들은 중학교 시기에 각자 궁리 끝에 모두 대학을 가겠다는 쪽으로 진로를 결정했고, 우리 부부의 과제는 공부 지원과 경제적 뒷바라지였다.

큰애의 자기주도학습은 학원에 다녀야겠다고 스스로 결정한 순간부터 시작됐다. 그렇게 다니는 학원은 이전과는 다르다. 이전에는 목적의식 없이 학원 시간을 때우고 숙제를 해가는 정도로 해야 할 책임을 다한 듯이 여겼다면, 본인의 필요로 결정하고 다니는 학원은 조금 더 절박해진다. 실제로 큰애의 공부에 대한 태도가 달라지기 시작한 지점이 바로 그때부터였다.

작은애에게는 큰애보다 조금 더 일찍 주도권을 넘기려고 마음먹었다. 아이가 중학교에 들어가면서부터 나는 작정하고 공부

이야기를 하지 않았다. 그때 중학교 1학년은 자유학년제라고 해서 1년 내내 공식적인 시험이 없었다. 아이는 겨우 학원 숙제만 하고 집과 학원 사이를 주기적으로 왕복 운동하며 게임도 즐기면서 신나게 놀았다.

한때 특목고도 생각했었던 아이는 초등학교 때보다도 풍성한 자유를 만끽하며 살았다. 큰애를 겪어봐서 그랬는지 신나게 노는 작은애를 봐도 이상하리만치 내 마음은 고요했다. 특목고를 목표로 공부하는 것도 스스로 내켜야 하는 것이라는 생각으로 본인의 의지에 맡겨두었고 그것으로 실랑이를 벌이고 싶지 않았다. 실컷 놀도록 내버려둔 것도 사춘기 양육의 전략이라면 전략이었다. '어떻게 살지 생각해 봐'라고 직접 말하지는 않았지만 뒹굴뒹굴 놀면서, 쉬면서 자신의 진로를 생각해보길 바랐다.

그렇게 1년을 보내고 2학년에 올라가 중학교에 입학하고 공식적으로 치르는 첫 번째 시험이 다가왔다. 결과는 당연하게도 초등학교 때 성적에 비하면 처참했다. 설렁설렁 시험공부를 하는 아이를 보면서 나는 어느 정도 예상해서 놀라지 않았지만, 한 번도 받아본 적이 없는 점수를 받아든 아이는 충격을 받은 듯 보였다. 시험이 끝나자 아이는 "엄마, 나 공부해야겠어."라는 말을 했으니 말이다.

작은 애는 다음 시험부터 혼자 나름의 계획을 세워 공부하기 시작했다. 그렇다고 해서 비약적으로 성적이 급상승하는 공신들의 신화 같은 극적인 일은 일어나지 않았다. 시험 결과를 떠나 아이가 스스로 공부할 마음을 먹었다는 것만으로 내 전략이 통했음을 느꼈다.

아이가 놀았던 그 시간 동안 내가 공부를 푸시했다면 어땠을지 상상해봤다. 선행은 조금 더 나갔을지는 몰라도 학원 왕복 운동만 여전히 하고 있을 것이며 공부의 동기나 필요성을 느낄 수 있었을까. 가장 중요한 것은, 스스로 공부해야겠다는 생각은 하지 않았을 것이다. 그렇게 작은애는 자신에게 맞는 공부 방법을 찾아가는 시행착오를 겪었다. 지금 고등학생인 아이는 당연한 말이지만, 모든 공부를 혼자 알아서 하는 중이다. 나는 여전히 공부 이야기는 하지 않는다.

공부의 '공'자도 꺼내지 않기란 참으로 힘들다. 큰애도 학원에 안 다니니 처음엔 좋아했다. 작은애는 중학교 1학년 때, 초등학교 때보다도 더 신나게 놀았다. 자유시간이 생기니 하고 싶은 짓을 원 없이 했다. 아이 입에서 공부해야겠다는 말이 나올 때까지, 스스로 책상에 앉을 때까지 참고 기다려야 한다.

빈둥거리고 멍때려보기도 하고 자신을 돌아보며 미래를 계획하고 구상하는 시간은 꼭 필요하다. 사람이 놀 만큼 놀다 보면 슬슬 불안해지기 시작한다. 특히나 사춘기는 자아가 확립되는 시기이다 보니 자연스럽게 자신의 미래를 계획하게 된다. 놀면서도 틈틈이 생각한다. '나 계속 이렇게 놀아도 될까?' 하는 의문이 문득문득 올라온다. 슬슬 똥줄이 타기 시작한다. 충분히 고민해봐야 삶의 의욕이 올라오고 가고 싶은 길을 찾을 수 있다. 자기주도학습은 스스로 필요하다는 생각이 들고, 해야겠다는 마음이 강하게 끓어올라야 가능하다. 그런 동기는 부모의 강요나 잔소리로는 결코 만들어지지 않는다.

내 아이가 노는 동안 다른 아이들이 앞서가면 어쩌나 하는 생각이 들 때도 간혹 있었지만 이 시간이 지나고 나면 얻을 것이 더 많을 것이라는 믿음으로 혀를 깨물고 허벅지를 찔러가며 참았다. 되도록이면 다른 애들은 쳐다보지 않으려고 했다. 지금 내 자식이 공부할 필요성을 느끼지 못하는데 다른 아이들과의 비교는 의미가 없었다.

강요에 못 이겨 공부한다면 과연 이 공부는 얼마나 유효할 수 있을까. 더 앞을 내다보니 지금 당장의 성과보다 조금 늦더라도 스스로 강한 동기를 찾는 편이 낫다고 판단했다. 아이들이 놀았던 그 시간이 아깝다고 여기지 않는다. 두 아이 모두 1년 가까이 완전히 놀았지만, 그 시간이 있었기 때문에 스스로 공부해야겠다고 마음먹을 수 있었다.

자녀의 입시를 치러본 엄마들은 모두가 아는 사실이지만 대학 입시는 결국 스스로 학습의 결과다. 나도 한때는 어느 학원에 다닌 아이가, 또는 어느 학교에 다닌 아이가 대단한 대학에 갔다는 말을 들으면 '그 학원(학교) 대단하네!'라고 생각했다. 하지만 이제는 안다. 단지 그 학교, 그 학원이 만들어준 결과는 아니었다. 일정 부분에서는 도움을 받았겠지만, 결국 가장 중요한 것은 학생 자신의 노력이다.

학습을 계획하고 실천하고 성찰한 후에 좋은 방법은 계속 밀고 나가고 안 맞는 방법은 수정해서 다른 방법을 적용하는 것은 아이들이 스스로 해야 할 일이다. 자녀의 학습 매니저를 자처하는 부모의 노력은 가히 대단하지만 이런 과정은 모두 아이들이 스스로 겪어야 할 인생의 경험치다. 그래야 어른이 돼서도 자신의 삶을 설계해나갈 수 있다. 자기주도학습은 자기주도적인 생활로 연결되고 그렇게 자란 아이들은 자기 인생의 주인으로 살아갈 수 있다.

아이들은 공부를 왜 해야 하는지 스스로 느끼고 납득이 돼야 공부할 마음이 생긴다. 그러면 부모가 시키지 않고 확인하지 않아도 스스로 공부하기 시작하고 거기부터가 학습의 첫걸음이다. 결과는 그다음 문제다. 공부하기로 마음먹는다고 바로 좋은 점수가 나오지는 않는다.

많은 부모들이 공부에서 어떠한 시행착오도 겪지 않기를 바라지만, 인생이 그렇듯이 공부도 마찬가지다. 방향을 정해도 일정 궤도에 올라갈 때까지는 실패와 성공을 여러 번 반복한다. 그 시간은 예상보다 오래 걸릴지도 모른다. 부모가 할 일이란 아이가 시행착오를 겪는 과정을 묵묵히 지켜보며 기다려주는 것뿐이다. 자녀가 사춘기에 접어들었다면 부모가 공부에 간섭할 때는 지났다고 봐야 한다.

그렇게 해서 내 아이들이 공부를 잘했느냐고 묻는다면, 학창 시절의 공부가 입시공부에 치중돼있다는 점을 감안했을 때 메이저 대학에 갈 정도는 아니다. 하지만 그런 믿음은 있다. 만약 내가 나서서 아이들 공부를 진두지휘했다면 지금의 결과보다도 못했을 테고 우리의 관계는 아주 나빠졌을 것이다.

내 이야기에 어떤 아이는 부모가 학습 매니저 역할을 자처하며 공부 압박을 해서 명문대에 보냈다고 반박할지도 모르겠다. 하지만 그런 아이라면 부모가 공부 압박을 하지 않았을 때 심리적으로 편안한 환경에서 공부하며 그보다도 더 좋은 결과가 나왔을지도 모를 일이다.

사춘기 자녀라면 공부에 대한 주도권과 결정권을 아이가 가져야 한다. 공부를 시작하고 끝내는 시간을 아이 스스로 결정해야 한다. 어떤 공부 방법이 자신에게 효과적인지 알아보는 과정을 스스로 겪어야 한다. 사교육이 필요하다고 스스로 판단하거나, '이 과목은 혼자 해볼래'라고 혼자 계획할 수 있는 것. 그것이 진정한 자기주도학습이다.

아이가 열심히 잘하고 싶은 마음이 들게 하고 싶다면 학습의 주도권과 결정권을 넘겨주어야 한다. 학습의 주도권은 당연히 아이가 가져야 할 권리다. 부모는 기다려줘야 한다. 아이 스스로 똥줄이 탈 때까지.

슬기로운 학원 생활
(feat. 옆집 엄마는 모르는 공부의 비밀)

　나의 학창 시절은 다시 오지 않을 호사를 누린 자유와 평화의 시대였다. 학교가 끝나면 운동장 한쪽에 가방을 던져두고 친구들과 고무줄 놀이, 오징어 놀이, 팔자 놀이를 했다. 해가 꼴딱 넘어가도 모를 정도로 놀다가 어둑해지면 길어진 그림자를 밟으며 집으로 돌아갔다. 저녁밥을 먹고 숙제를 해도 시간이 남아돌았다. 그런 시절을 보낼 수 있었던 건 부모님의 자유방임주의적 교육관 외에도 다른 이유가 있었다.

　초등학교에 입학한 해인 1980년, 나라에서 강력한 교육개혁 조치를 시행했는데 그중에는 '과외 금지'가 포함되어 있었다. 이전의 심각하게 과열된 학원시장 때문에 예체능 학원 외에는 입시 목적의 사교육을 금지했다. 그 덕에 피아노, 웅변, 주산, 태권도 학원들은 호황을 누렸다. 나는 이 고마운 조치 덕분에 학교 공부만으로도 대학 입시 준비를 할 수 있었다. 이런 사실은 대학 입시가 끝날 때쯤 알게 됐고 동시에 과외 금지 시대가 저물고 있었다.

평생 다닌 학원이라곤 초등학교 때 몇 년 다닌 주산학원과 고등학교 입학 직전에 딱 한 달 다닌 수학 학원이 전부다. 주산학원은 내 의지라기보다는, 그 당시 주산 교육 붐이 일어나기도 했고, 나중에야 알았지만 내가 은행원이 되길 내심 바랐던 아버지의 전략이기도 했다. 나는 주산에 별 흥미를 느끼지 못해서 3급까지 따고 학원을 그만 다녔다.

고등학교 입학을 앞두고 슬슬 사교육 규제가 풀어지면서 방학을 이용해 입시 학원에 다니는 친구들이 있었다. 학원에 다니는 아이들이 어떻게 공부하는지 궁금하기도 하고 부럽기도 해서 엄마한테 졸라 수학 학원을 다닌 적이 있다. 100명 가까운 애들이 큰 교실에 모여 선생님 강의를 듣는 수업방식을 경험하고는 다닌 지 며칠도 안 돼서 여기서는 얻을 게 없다고 판단했다. 그렇게 한 달 만에 그만뒀다.

교사 임용고사를 준비하면서 학원에 다니는 친구들을 보기도 했지만, 나는 혼자 공부하는 편이 잘 맞아서 학원을 다니지 않았다. 나의 학원 경험은 이러했지만 요즘 아이들한테는 적용되지 않는 게 현실이다. 요즘 시대에 학원이란 충분조건까지는 아니어도 필요조건이기 때문이다.

두 아이 모두 '울며 겨자 먹기' 심정으로 학원을 처음 보냈다. 워킹맘에게는 아이를 키우면서 직장을 그만두고 싶은 순간이 여러 번 찾아온다. 아이를 낳은 후, 초등학교에 입학했을 때, 사춘기 때 등. 나에게도 가장 큰 고비가 찾아왔던 때가 큰애가 초등학교에 입학한 후였다. 입학하자 아이는 당장 오후에 갈 곳이 없었다.

많은 워킹맘과 똑같이 보육 고민을 겪었다. 빈집에 아이 혼자 덩그러니 있으라고 하기엔 불안하고 매일 이 학원 저 학원으로 뺑뺑이를 돌리기엔 너무 어리다. 직장을 포기하자니 나중에 아이들을 다 키우고 나면 다시 돌아오기 힘들 거란 생각에 버텨본다. 그러면서도 아이를 제대로 챙기지 못해 학교에서 이런저런 일로 연락이라도 오면 전업맘만큼 돌봐주지 못해서 그런가 싶어서 고민스럽다.

백방으로 알아보다가 점심밥 주고, 학교 숙제 봐주고, 피아노도 가르쳐주는 종합학원 같은 곳을 찾았다. 그때는 학원이 구세주 같았다. 돌봄이 필요해서 보내기 시작했다. 이런 워킹맘의 고충을 교육부도 느꼈는지 몇 년 전부터 초등학생 돌봄 정책을 시작했다. 현실적 고충도 많고 정착되기까지 시간은 걸리겠지만 워킹맘이 마음 편히 일할 수 있는 환경을 조성하려면 꼭 필요한 정책이다.

아이들이 본격적으로 학원에 다니기 시작하는 시기는 지역마다, 동네마다, 학구 분위기에 따라 달라서 일반론으로 말하기는 어렵다. 내가 사는 곳과 근무한 학교는 수도권이고, 대체로 초등학교에 들어가면 학습 관련 사교육(학습지 포함)을 안 하는 아이들이 없는 편이다. 저학년까지는 버티던 엄마들도 아이들이 고학년이 되면 한계를 느끼고 학원에 보낸다. 어릴 때는 공부하자면 잘 따르던 아이가 엉덩이를 뒤로 빼기 시작해서 한두 번 실랑이를 벌이다 보면 관계가 악화하기 때문이다. 게다가 요즘은 초등 수학도 수준이 만만치 않다. 갑자기 아이가 교과서를 들이대고 질문하면 대번에 설명하기 어려운 문제도 많다. 상위 수준 문제는 풀이라도 봐야 이해할 만큼 버겁다. 이젠 남의 손에 맡길 때가 왔나보다 하며 학원 문을 두드린다.

우리 아이들도 본격적인 학원 생활을 시작한 게 그 무렵이었다. 아무리 내가 초등교사라도 집 공부에 한계를 느꼈다. 가르치는 것이야 얼마든지 가르칠 수 있었지만, 집에서까지 교사 노릇을 하는 엄마가 되고 싶지는 않았다. 안 보내는 쪽도 고려해봤지만 많은 엄마가 그렇듯 나 역시 불안감에 지고 말았다. (이때까지만 해도 아이들 공부를 내려놓기 전이었다) 학원은 엄마의 불안한 심리를 자극한다고 하는데 마케팅 포인트를 제대로 잡았다고밖에 말하지 못하겠다.

보내면서도 마음이 편치만은 않았다. 공부는 분명 자기주도학습이 중요하다는 것을 알면서도 학원이 주도하는 학습에 아이를 내맡긴 듯 영 찜찜하다. 그렇다고 안 보내자니 공부에 점점 꾀부리는 아이를 가만히 내버려 둘 수가 없다. 나는 사교육의 대척점인 공교육에 몸담은 사람이라서 더더욱 내적 갈등이 심했다. 이를테면 나는 나라에서 차린 식당에서 일하는 쉐프인데, 내 자녀에게는 다른 식당의 자극적인 음식을 사 먹이는 것 같았다. 그런 점에서 자괴감이 들기도 했지만 현실적으로 공교육만 고집할 수는 없는 것도 사실이다.

나도 엄마 불안을 이기지 못하고 학원에 발을 들여놓았다. 그런데 아이들이 중학교에 입학하면서 학원에 다니는 모습을 지켜보니 다시 고민스러웠다. 어느덧 나도, 아이도 학원의 노예가 되어 있었다. 아이는 관성적으로 학원에 다녔고, 의미 없는 왕복 운동을 반복하는 듯이 보였다. 생활비를 줄여 학원비를 마련했지만, 학원 전기세를 보태주는 기분도 들었다. 학원만 다닌다고 저절로 공부가 될까 싶으면서도 학원 숙제하는 모습을 보면 그렇게라도 공부하는 것 같아서 안심이 됐다.

"아니, 무슨 학원을 보내도 4등급이야."라고 하면, "무슨 소리. 학원에 다니니까 4등급인 거지." 한다는 웃픈 이야기가 있다.

보냈을 때와 안 보냈을 때의 결과를 비교 연구해본 적도 없으니 학원의 효과를 검증할 수 없고, 그 학원에 다녀서 결과가 좋았다는 아이가 있지만 그것도 그 아이만의 개인적인 서사일 뿐이다. 모든 아이에게 적용되는 것도 아니라서 내 아이도 그렇다는 보장도 없는데 말이다. 검증할 수는 없지만, 그나마 거기라도 보내면 안 보내는 것보다는 마음이 조금이라도 편안하니 정신 승리를 위해서 보내는 것인가. 학원은 그야말로 이러지도 저러지도 못하는 딜레마였다.

현재 초등학교는 지필 시험이 없다. 줄 세우기 평가를 지양한다는 면에서는 나도 찬성하지만, 그 실효성에 대해서는 여전히 의문이다. 나는 교사인 동시에 학부모라서 내 안에서도 시험에 대한 의견이 팽팽히 엇갈렸다.

교사 입장에서는 문제 만들어서 시험 치르고, 채점하고 통계 내고 결과지를 학부모에게 보내는 시험에 따른 일련의 과정이 없어졌으니 업무가 줄었다고 환영할 수도 있다. 하지만 어떤 면으로는 시험을 통해 피드백하는 과정은 학생에게만 필요한 것이 아니라 교사에게도 필요하다. 시험을 통해 학습자의 이해 정도를 확인하고 다음 수업을 계획하기 때문이다. 일정 부분 수행평가로 대체하고는 있지만 지필평가를 하던 시절과 비교하면 충분하지 않아 보인다.

학생이나 학부모 입장에서는 어떨까. 초등학교와 자유학년제가 적용되는 중학교 1학년까지는 지필 시험을 시행하지 않는다. 중학교 2학년에 가서야 공식적인 지필 시험을 처음 경험한다. 단 여덟 번의 시험 경험 후에 고등학교에 입학해서 그대로 입시와 연결되는 내신을 치러야 한다. 본격적인 입시 판에 오르는 것이다.

시험은 점수를 받는 것만이 다가 아니다. 시험을 통해 자신의 공부 방법을 점검하고 어떻게 공부해야 할지 방향을 찾아간다. 시험 자체가 공부 시행착오의 과정이다. 그런데 충분한 시행착오 없이 본격적인 입시판에 오르는 것이 과연 대학 입시를 치르는 아이들에게도 효과적인지 의문이다.

정성 평가만으로 대학 입시를 치른다면 지필 시험이 없어도 문제 되지 않는다. 하지만 현재 입시는 여전히 정량 평가가 많은 부분을 차지한다. 학생부 종합평가나 논술형 평가에 일부 남아 있는 것을 제외하면 등급제, 백분율, 표준점수로 줄세우기식 입시 제도다. (입시 제도 자체에 대한 거대 담론은 차치하고) 앞뒤가 맞지 않는다. 줄 세우기를 지양하기 위해 지필 시험을 시행하지 않는다면서 대학 입시는 줄세우기식이니 말이다.

시험을 없앤 정책은 줄 세우기를 지양하려는 이유도 있었지만 지나치게 학력을 강조하는 분위기로 학생들의 학업 스트레스를 우려한 까닭도 있었다. 이런 논리대로라면 지필 시험이 없어졌으니 아이들의 학업 스트레스가 줄어야 맞지만, 현실은 그렇지 않다. 실제로 내가 학교에서 경험한 바로는 학교에서 시험이 없어지자 엄마들은 비공식적으로 치르는 단원평가 점수에 열을 올렸다. 교사는 누가 몇 등이라는 말은 전혀 하지 않지만, 엄마들은 단원평가 점수로 반 아이들을 줄 세우고 있었다. 그런 분위기를 교육부도 감지해서 단원평가도 전면 금지됐다.

　과연 시험을 없애는 것만이 해법일까. 시험을 없앴지만 줄 세우기는 여전하고 아이들의 학업 스트레스는 전혀 줄어들지 않았다. 오히려 학부모들은 아이의 학습 수준을 점검할 길이 없으니 더욱 불안을 느끼고 사교육으로 몰리는 듯하다. 학교 시험이 없으니 학원에서 치르는 시험 결과에 촉각을 곤두세우고 여전히 줄 세우기는 진행 중이다. 시험은 죄가 없다. 시험 결과를 놓고 평가하고 줄 세우기를 하는 이들은 누구일까.

　내가 초등학교 5학년 때, 내 엄마는 옆집 아줌마한테 자식 공부에 극성인 엄마로 오해받은 적이 있다. 그 집 아이와 나는 동갑이었고 거의 매일 함께 뛰어놀았다. 시험을 보면 자연스레 엄마들끼리 서로 점수를 묻게 되는데, 그 아이와 나는 실컷 같이 놀았는데도 시험 결과에서 크게 차이가 났다. 그 아줌마는 엄마에게 대체 애 공부를 얼마나 시키는 거냐는 질투 섞인 말을 하기도 했고, 가끔 나와 비교하며 그 친구를 혼냈던 것 같다. 그 친구에게는 내가 의도치 않게 엄친딸이었던 셈이다. 하지만 아줌마는 우리 집을 한참 모르고 있었다.

내가 기질적으로 성취욕이 강했을 수도 있지만, 부모님의 약간은 무심한 듯한 관심은 적당했다. 사춘기로 넘어가면서 공부에 집착한 쪽은 부모님이 아니라 나 자신이었다. 만약에 부모님이 나에게 더 잘하라고 공부 압박을 했다면 다락방에 올라가 새벽까지 공부하는 짓은 절대 하지 않았을 거다. 순수하게 나만의 성취욕구로 했던 것이다.

그런데 이 성취욕구는 내적 동기라서 외부에서 심어주기도 어렵고, 어릴 때는 성취감이 강해 보이던 아이도 사춘기가 시작되면서 공부 무기력에 휩싸이기도 한다. 학원 딜레마를 느낀 때부터 나의 고민은 '어떻게 하면 아이들 스스로 공부 의지를 갖게 할까'였다. 엄마가 주도하는 공부는 하고 싶다가도 하기 싫어진다. 청개구리 심보가 극대화될 때가 사춘기가 아닐까. '그렇다면 하지 말라고 해볼까. 그러면 청개구리 심보로 "싫어. 공부할 거야." 하려나. 만약에 그랬다가 "좋아. 안 할게. 땡큐." 이러면 어쩌지' 하면서 별의별 궁리를 다 했다.

누구는 또 그런다. 공부 의지가 생길 때까지 밑밥 깐다는 심정으로 학원에 보내는 거라고. 나중에 공부 의지가 생겼을 때 밑천이 없으면 뭘 갖고 장사를 할 거냐는 말이다. 그러니 미리미리 보내는 거라고. 그것도 아주 일리가 없는 말이 아닌 것도 같았다.

그런데 아이의 '공부 의지'란 게 희한하다. 엄마가 아이 공부에 집착하면 할수록 아이는 공부 의지가 생기지 않는다. "무슨 소리, 엄마도 아이도 공부에 열을 내는 집도 있더라."라고 말하는 이도 있을 수 있다. 그렇게 보일 수는 있다. 그 집 대문 안에서 무슨 일이 벌어지는지 알 수 없으니까. 그 아이가 어떤 마음으로 공부하는지는 모를 일이다. 옆집 아줌마가 우리 집을 몰랐던 것처럼.

내 아이들 공부의 답을 찾기 위해 나 자신을 역추적해보니 그 뿌리는 어린 날 흘러넘치게 많았던 시간이었다. 뒹굴뒹굴하고 노닥거리다가 이도 저도 할 게 없어 심심해 죽겠으면 하늘 보고 멍때리기도 했던 그때. 사춘기가 되면서 자연스럽게 내 미래를 구상하곤 했다. 아무도 나에게 강요하지 않았고 자연스러운 사고의 흐름이었다. 지금 시대 아이들은 누릴 수 없는 자유와 평화였지만 내 아이들에게 그런 시간을 주고 싶었다. 그 시간이 아이들을 어느 쪽으로 몰고 갈지 알 수 없는 일이지만 자연스레 자기 결대로 흘러갈 테다.

엄마가 학습 매니저 역할을 하면 자녀에게 어떤 영향을 미칠까. 엄마의 학습 로드맵을 아이가 잘 따라온다는 보장도 없지만, 설령 그렇게 되더라도 엄마에게 끌려가는 공부를 아이는 언제까지 할 수 있을까. 맥시멈 중학교를 넘지 않을 거라고 판단했다. 대학에 가겠다는 생각이라면 결국엔 스스로 주도하는 공부를 하루라도 빨리 시작하는 것이 낫지 않을까.

사춘기 아이의 공부는 더는 내가 관여할 부분이 아니라는 판단이 강하게 들었다. 전부터 많이 들어온 말이지만, 공부할 마음이 있다면 아무리 뜯어말려도 할 테고, 안 할 아이라면 내가 무슨 짓을 해도 안 할 거다. 시대가 변해도 여전히 진리에 가까운 말이다. 아이와 한바탕 전쟁을 치르고 결정하느냐, 평화로운 결정을 하느냐는 내 몫이었다. 내 아이들이 크게 잘못된 방향으로 나아가지 않을 거라는 믿음에 기대보기로 했다.

학원에 다니고 안 다니고가 중요한 것이 아니다. 학원에 다니더라도 아이가 스스로 필요하다고 느끼고 결정해서 다닌다면 더 이상 학원주도도 엄마 주도도 아니다. 그것은 이미 자기주도학습이다. 그것이 슬기로운 학원 생활이 아닐까.

그래, 성적은 내 거 아니고 네 거다

6학년을 담임할 때였다. 지금은 지필 시험이 없지만, 그때는 학기별로 두 번의 지필 시험이 있었다. 시험이 끝나면 채점한 시험지를 집으로 보내던 시절이었다. 시험 결과를 확인할 때는 책상 위에 아무것도 없이 깨끗하게 치우게 한다. 그리고 채점한 시험지를 나눠준다. 불필요한 오해를 없애기 위해서다.

손을 머리 위에 올리고 시험지를 나눠주고, 내가 정답을 불러주면 아이들은 채점과 점수를 확인한다. 어느 날은 확인을 마치고 시험지를 회수하려는 순간 맨 뒷자리에 앉아 있던 남학생이 시험지를 들고 나왔다. 자신은 답을 맞게 썼는데 내가 틀리게 채점했다는 것이었다. 확인해보니 객관식 문제의 답 칸에 쓴 숫자는 정답인 4였다. 고쳐주려던 순간 이상함을 감지했다. 다른 문제에 쓴 4와 달랐다. 가만 보니 1이라는 숫자 위에 숫자 4를 만들려고 급하게 그은 선이 보였다. 일단 알겠다고 하고 수업이 끝난 후에 아이를 남겼다.

  우리 반 남자 부회장이었고 평소에 못하는 아이가 아니었는데 이번 시험에서는 말도 안 되게 낮은 점수를 받았다. 아이를 앉혀놓고 처음부터 4라고 쓴 게 맞는지 다시 한번 확인했다. 아이는 당당하게 그렇다고 했다.

"그런데 선생님이 보기엔 다른 4랑은 좀 다른 것 같은데…. 다른 4는 진하고 선명하게 또박또박 썼는데 이 문제만 1은 선명하고 그 위에 연한 선이 그어졌잖아. 너는 어때?"

  아이는 당황한 듯하다가 이내 억울한 표정으로 얼굴이 일그러졌다.

"처음부터 쓴 거 맞아요. 진짜예요."

  말없이 아이 얼굴을 바라보다가, 더 이상 묻지 않고 맞게 해주었다.

  '어린아이가 이러면 중고등학생이 되면 어떻게 될까, 바늘 도둑이 소도둑 되지 않을까?' 하며, 정직이라는 도덕적 측면에서 아이의 잘못을 밝혀내야 옳을 수도 있다. 그럼에도 아이가 얼굴 벌게지며 목에 핏대를 세우고 주장하는데 '오죽이나 자기 점수에 실망했으면 이랬을까' 싶었다. 시험지를 과학수사연구소에 맡길 수도 없고 고문을 해서 실토를 받아낼 일도 아니었다. 어

쩌면 처음부터 4라고 썼는데 내가 생사람을 잡는지도 모르는 일
이었다. 심증은 가지만 더 이상 몰아붙일 증거도 없었다. 맞게
해줘도 그 아이의 평소 성적에 비하면 처참한 점수였다.

아이를 돌려보내며 그 말은 했다.

"너를 믿는다. 정정당당하게 얻은 점수이기를 바라. 그래야 너
자신에게도 떳떳하니까."

혼자만 확인하고 끝날 시험이었다면 고칠 필요가 있었을까.
믿거나 말거나지만 그 아이 부모님은 시험에서 틀린 개수대로
때린다는 소문이 아이들 사이에 돌고 있었다.

얼마 후에 아이 엄마와 상담할 일이 있어서 있었던 일을 조심
스럽게 말씀드렸다. 엄마 말로는 아빠가 아이 성적에 관심이 많
고 결과를 놓고 회초리를 든다고 했다. 아마 아이가 결과에 대
한 압박감으로 그랬던 것 같다며 아빠와 대화해보겠다고 했다.
시험을 보면 눈에 불을 켜고 점수부터 확인하던 아이였는데, 상
담 후에는 시험 결과에 조금 편안해진 듯 보였다.

그렇게 시간이 흘러 내 아이들이 고등학교에 진학하면서, 나
는 또 다른 형태의 성적표 고민을 마주하게 되었다. 큰 애가 고
등학교에 들어가서 첫 시험을 보고 나서 성적표를 가져오지 않
았다. 학교 일정을 확인해보니 벌써 가져오고도 남았어야 할 시

간이었다. 아이와 눈치 싸움을 하며 묵묵히 기다렸지만 끝내 가져오지 않았다.

큰애는 고등학교에 들어가면서 미술 쪽으로 진로를 잡았다. 중학교에 들어가서 공부에 흥미를 느끼지 못하는 아이를 보면서 아이가 어릴 때부터 무엇을 좋아했는지 떠올려봤다. 시간이 나면 그림을 그리거나 손으로 꼼지락거려서 만들기를 좋아했다. 그 기억으로 미술을 해보는 건 어떤지 권유했더니 아이는 흥미를 보였고 중학교 내내 재미있게 미술학원에 다녔다. 대학 입시까지는 생각하지 않았고 일단 경험해보자는 마음이었는데, 고등학교에 들어가면서 아이는 디자인 쪽으로 진로를 확고하게 굳혔다.

미술 쪽 진로라도 공부를 무시할 수는 없는데 아이가 성적표를 가져오지 않으니 대체 얼마나 망쳤길래 이럴까 싶었다. 성적을 알아낼 방법이 없지는 않았다. 온라인 학부모 서비스에 들어가면 확인할 수 있다. 요즘이야 옛날처럼 종이 성적표를 칼로 살살 긁어 위조하던 때도 아니고 점수는 어떻게든 알 수 있다.

하지만 알고 모르고의 문제가 아니었다. 흔한 안내장도 아니고 성적표인데, 공부한 결과를 부모한테 보여주는 게 도리가 아닌가. 점수야 온라인으로 확인해도 되지만 아이의 행동이 괘씸했다. 하지만 논리적으로 조목조목 따지고 드는 아이에게 선

불리 행동하면 안 된다. 발끈하며 감정이 앞서 달려들 때는 이미 지났다.

　나는 무슨 근거로 아이에게 성적표를 요구할까. 부모로서의 권위를 내세워야 할까. 아니면 지금까지 쏟아부은 학원비가 얼만데 최소한 그 결과는 보여줘야 하는 거 아니냐고 말할까.

　우선 교육비부터 따져봤다. 아이가 성인이 될 때까지 많은 돈이 들어간다. 최근의 통계자료에서는 성인이 될 때까지 평균 양육비가 대략 4억 2천만 원 정도 들어간다고 한다. 나는 계산해본 적이 없어서 모르겠는데 통계를 보고 까무러칠 뻔했다. 하지만 아이는 우리에게 양육비를 청구한 적이 없다. 양육비란 자식에 대한 부모의 책임 비용이다. 아이를 낳아서 키우기로 한 사람은 부모이기 때문이다.

　아이가 완전히 독립한 성인이 될 때까지 부모는 아이를 뒷바라지해야 한다. 형편이 안되면 못 해주지만, 아이도 사회생활을 하려면 돈이 필요하니 용돈을 주고, 학원 공부가 필요하다고 판단해서 학원비를 대준다. 아이에게 들어가는 교육비에는 어떤 이해관계가 없다. 일방적으로 자녀에게 제공하는 돈이다. 나는 아이에게 교육비를 대줬으니 그에 대한 상응하는 대가를 우리에게 갚아야 한다고 요구할 마음은 없었다.

교육비를 지원했다는 이유로 성적표를 요구한다면 투자비용에 대한 기댓값을 요구하는 것이다. 학원을 보내줬으니 더 나아진 성적으로 보답해야 한다는 기대, 돈을 들인 만큼 어느 정도의 결과를 보여줘야 한다는 기대 말이다. 아이에게 투자했으니 그만큼의 결과를 봐야겠다면 그럴 수도 있다. 하지만 나는 그런 계산으로 학원에 보내지는 않았다.

학원이 필요하다고 판단해서 뒷바라지해 준 것이다. 대가를 바라지 않고 교육비를 들였다면 공부든 성적이든 온전히 아이의 것이어야 한다. 그래서 나는 교육비를 지원했다는 근거로 성적표를 가져오라고 요구할 수 없었다.

다음으로 '자식이라면 당연히 성적표를 부모에게 보여줘야지' 하는 마음은 어떨까. 전형적인 유교적 관념이다. 아직도 그 뿌리가 남아있는 유교적 충효 사상은 조선이라는 나라를 설계한 정도전이 강력한 중앙집권적 통치를 하는 데 필요했던 개념이다.

'자식이라면 당연히…' 때문에 부모의 올가미에서 빠져나오지 못하는 자식이 얼마나 많으며, '부모라면 당연히…' 때문에 자식에게서 벗어나지 못하는 부모는 또 얼마나 많은가. 나는 부모와 자식 간의 사랑에서 우러나오는 자애(慈愛)와 효는 인정하지만,

자식 혹은 부모에게 일방적으로 강요하는 '당연히 ~해야 하는' 것은 없다고 생각한다. 유교를 신봉하는 이들의 선택은 존중하지만 내가 선택하고 싶은 근거는 아니었다.

결과적으로 나 스스로 근거가 부족했기 때문에 보여주려고 하지 않는 아이에게 성적표를 대령하라고 강요할 수 없었다. 그 후로 수능시험을 보는 날까지 성적표를 받아본 기억이 없다. 이런 이야기를 가까운 지인들에게 하면 우리 부부가 참으로 대단하다고 말한다. 우리가 대단한 인내심의 소유자는 아니었고 아이를 포기한 것도 아니었다.

남편과도 상의했는데 우리의 결론은 이랬다. 만약에 초등학생이 통지표를 가져오지 않았다면 문제는 다르지만, 고등학생이나 된 아이라면 준 성인이다. 부모의 권위를 내세우며 너의 모든 것을 통제하겠다고 실랑이할 때는 지났다. 성적표를 보여주지 않는 것으로 근본이 흔들릴 아이는 아니라고 믿었다. 아이는 행동으로 시험 결과를 말해주고 있었고 그것을 군이 눈으로 확인한다고 해서 이미 받은 점수가 달라질 일도 아니었다. 떳떳하게 보여주지 못하는 아이도 결과에 대해 불안하다는 뜻이었고 나름 마음고생을 치르는 것으로 자신의 결과에 책임을 지고 있었다. 아이가 스스로 흡족한 점수를 받는다면 보여달라고 하지 않아도 스스로 보여줄 것이라고 믿었다.

오늘 고3인 작은애 진학설명회에 다녀왔다. 마이크를 잡은 분은 오랜 경력으로 대학 입시에 잔뼈가 굵은 베테랑 현직 교사였다. 자녀 둘을 모두 대학에 보냈는데 아이들 고등학교 때 성적표 한번 보기가 힘들었다고 한다. "분명히 가방 안에 있다는 성적표는 대체 어디로 실종된 건지 아직도 못 찾고 있습니다. 하하하."라는 선생님 말씀에 모두들 웃음이 터졌다.

나는 큰애의 경험으로 인해 과연 작은애가 고등학교에 가면 성적표를 가져올지 궁금했다. 녀석은 자기 마음에 흡족하지 않은 성적이 나와도 성적표는 보여준다. 그런데 작은애라고 아무 일이 없었을까. 언제 한번은 너무 떨어진 성적에 내가 걱정을 했더니 "내 성적을 왜 엄마가 걱정해?"라는 일갈로 내 뒤통수를 후려쳤다. 어느 한 녀석 빼꼼한 구석이 없다. 그래, 성적은 내 거 아니다. 네 거다.

사춘기 자녀에게 어떻게 공부 동기를 심어줄까?

사춘기 자녀에게 공부 동기를 심어주는 방법은 아동기 때의 학습 동기 부여와는 조금 다를 수 있다. 사춘기는 자아 정체성이 확립되고, 독립성과 자율성을 추구하는 시기이기 때문에 부모의 말이나 행동에 대해 더 민감하게 반응할 수 있다. 따라서 사춘기의 특성을 이해하고, 자율성을 존중하면서도 동기 부여를 자연스럽게 유도하는 방식이 필요하다.

♥ 내적인 동기 강화

사춘기에는 외부에서 강제로 동기를 주입하려고 하면 거부감이 커질 수 있다. 부모의 기대나 성적에 대한 압박보다는 자녀가 스스로 동기 부여를 느낄 수 있도록 내적 동기를 강화하는 것이 중요하다.

자녀가 왜 공부를 해야 하는지 스스로 답을 찾을 수 있도록 유도한다. 미래의 목표나 자신의 흥미를 찾는 과정에서 공부의 필요성을 느끼게 하면, 부모의 강요보다는 자발적인 학습 의지가 생길 가능성이 크다.

예를 들어, "너는 미래에 어떻게 살고 싶니? 그걸 이루려면 지금 어떤 준비를 해야 할까?" 같은 질문을 자녀에게 가끔 지나가는 말처럼 던진다.

자녀가 당장 구체적으로 답하지 못해도 괜찮다. 환기가 되는 질문을 통해 자신의 미래를 상상해보는 것만으로도 충분하다. 자신만의 이유를 찾을 때까지 기다려줘야 한다.

♥ 소통을 통해 자율성 존중

사춘기 자녀는 자율성에 대한 욕구가 강해지면서 부모의 간섭을 꺼리는 경향이 강해진다. 이럴 때는 일방적인 지시나 간섭보다는 소통을 통해 자녀의 의견을 존중하는 것이 중요하다.

자녀의 의견을 진지하게 경청한다. 공부를 싫어하는 이유가 무엇인지, 어떤 부분에서 어려움을 느끼는지 파악하는 것이 먼저다. 부모가 단순히 "공부해."라고 말하기보다, 자녀와의 협력적인 대화를 통해 해결책을 함께 찾아가야 한다. "어떤 방식으로 공부하면 더 재미있을까?", "어느 부분이 가장 힘들었어?"와 같은 질문으로 자녀가 스스로 답을 찾도록 유도한다.

♥ 장기적 목표보다는 단기적 동기 유발

 사춘기 자녀는 장기적인 목표보다는 즉각적인 만족에 더 큰 동기를 느끼는 경향이 있다. 장기적인 성취보다는 짧은 기간 내에 성취감을 느낄 수 있는 목표 설정이 효과적일 수 있다. 작은 시험에서 느낀 성취나 일주일에 한 번씩 성취를 체크하는 방식으로 단기적인 목표를 설정하는 것이 더 효과적이다.

♥ 긍정적인 피드백과 격려 중심의 분위기

 사춘기 아이들은 부정적인 피드백에 민감하게 반응한다. 성적이나 공부에 대한 비판보다는 긍정적인 피드백과 격려를 통해 자녀가 스스로의 발전을 인식할 수 있도록 도와줘야 한다.

 자녀가 성적이 좋지 않더라도, 자녀가 시행착오를 겪고 있다는 것을 부모 자신이 먼저 받아들이고 실망하거나 좌절하지 않는다. 자녀에게도 그렇게 말해주며 격려한다.

 자녀의 **노력**을 인정하고 칭찬해 주는 것도 좋은 방법이다. 예를 들어, "이번 시험에서 네가 어려운 부분을 찾아서 풀려고 한 점이 정말 좋았어."와 같은 구체적인 피드백은 자녀의 자존감을 높이는 데 도움을 준다.

부모의 기대가 동기로 작용할 수도 있지만 어떤 아이들은 부모의 기대를 부담으로 느낀다. 이런 경우에는 부모가 겉으로 기대감을 드러내지 않는 것이 자녀 학습에 더 도움이 되기도 한다. 부모의 기대에 미치지 못하더라도 자녀의 감정과 생각을 존중하는 태도를 보여주는 것이 중요하다. 이를 통해 자녀는 부모가 자신을 믿고 지지한다는 느낌을 받게 된다.

　사춘기 자녀에게 공부 동기를 심어주는 방법은 **자율성**과 **책임감**을 키우면서도 그들의 감정과 생각을 존중하는 방향으로 접근하는 것이 핵심이다. 자녀가 **스스로** 동기 부여를 느낄 수 있도록 돕고, 부모는 **지지자** 역할로서 함께해줌으로써 사춘기 자녀에게 긍정적인 학습 태도를 심어줄 수 있다.

외모 치장에 몰입하는 아이들, 웬만해선 그들을 막을 수 없다

요즘은 초등학교 3학년만 돼도 화장을 하는 아이들이 종종 눈에 띈다. 아이들 용돈으로 손쉽게 살 수 있는 저렴한 화장품이 흔해서 그렇거나, 아이들의 욕구를 일찌감치 파악한 상술이 작용했을 수도 있다.

학교에서 고학년을 담임할 때면 여학생들의 화장 문제로 실랑이를 벌이는 일이 자주 있다. 피부가 너무 하얗거나 입술이 빨가면 슬그머니 아이 손에 티슈를 쥐어준다. 지우고 오라는 암묵적 지시다. 고학년을 담임하면 이럴 일을 예견하고 학년 초에 이미 화장에 대해 약속해두었기 때문에 아이들도 무슨 뜻인지 알아서 못이기는 척하며 지운다. 그리고 등 돌리면 또다시 바르지만 말이다.

등교를 할 때 마스크를 하고 오는 아이들이 종종 있다. 독감에 걸린 것도 아닌데 군이 마스크를 쓴 여학생이라면 백발백중 화장을 한 거다. 어떻게든 들키지 않으려고 용을 쓰지만 마스크를 썼다는 것이 이미 '제가 화장을 해서 가렸답니다'라는 의미라는 걸 진정 모르나 싶어 귀엽기도 했다. 가끔은 모르는 척 해주지만 마스크 사이로 언뜻 보면 영락없이 입술이 빨갛다. 점심시간에는 마스크만 살짝 내리고 얼른 입안으로 음식을 욱여넣기 바쁘게 마스크를 추켜 올리고 씹어 삼킨다. 그렇게 해서라도 화장을 사수하려는 모습에 어처구니가 없어서 웃음이 터진다.

마스크를 하지 않은 아이들도 하교하기 바쁘게 우르르 화장실로 몰려간다. 학교 밖을 벗어날 준비를 하기 위해서다. 잔소리꾼 선생님의 눈을 피해 마음껏 화장을 하고 교문을 나선다. 요즘 초등학생 아이들의 화장 문화가 이런데 중고등학생들에게 화장이란 그리 특별할 것도 없는 일상이다.

딸도 중학교에 들어가더니 화장을 하기 시작했다. 고학년에서 몇몇 아이들이 화장하는 모습을 보긴 했지만 내 딸이 그럴 것이라고는 예상하지 못했다. 화장은 꿈도 꾸지 않았던 중고등학교 시절을 보낸 나는 딸의 마음을 이해하기 힘들었다. 물론 나도 어릴 때 화장대 앞에 앉아 엄마 화장품을 찍어 바르던 때가 있었지만 유아기에 호기심 어린 장난에 불과한 것이었다. 딸은 한낱 장난이 아니라 작정하고 정식으로 하는 화장이라는 점이 달랐다.

예뻐보이고 싶은 마음이야 백번 이해하지만 굳이 화장을 하지 않아도 그 나이의 탱탱한 피부와 싱그러운 머릿결만으로도 한창 예쁠 때가 아닌가. 요즘은 청소년용 화장품이 따로 있기도 하지만 큰애 때만 해도 어른 화장품밖에 없었고, 어른 흉내를 내듯 풀 메이크업을 하고 교복을 입은 모습은 무척이나 부조화스러워 보였다.

어느 날은 진지하게 화장하는 이유를 물어보니 화장을 하고 싶은 마음이 아니라 여드름을 가리고 싶은 것이라고 했다. 딸은 초등학교 5학년 끝 무렵부터 이마를 시작해 얼굴 전체에 여드름 꽃이 피고 있었다. 얼굴에 여드름이 늘어갈수록 화장은 점점 두꺼워졌다. 내가 보기에는 여리고 순한 피부에 어른 화장품을 발라서 여드름 피부에 오히려 안 좋을 것만 같았다. 깨끗이 잘 씻고 기초 화장품만 바르는 것이 여드름에는 더 좋다고 말해도 아이 귀에는 들리지 않았다. 화장품을 감춰보기도 하고 사람들은 네 생각만큼 네 여드름에는 별로 관심이 없다고 말해줘도 소용없는 일이었다.

내가 그렇게 살지 않았으니 너도 그렇게 살라고 강요할 수도 없고, 언제까지나 내 욕심으로 아이를 묶어둘 수 없는 노릇이었다. 더군다나 나 자신도 아이를 설득할 근거를 찾지 못했다. '화장 안 해도 충분히 예쁘다'라거나 '겉으로 보이는 외모보다 내면의 아름다움이 더 중요하다'라는 말은 기성세대끼리나 통하는 말이지 요즘 아이들에게는 먹히지 않는 근거다. 아이들은 위안도 못 느끼고 설득도 되지 않는다. 세상 사람들이 자신만 쳐다보는 듯한 착각에 빠져 사는 사춘기 아이들에게는 공감받기 어려운 말이다. 오히려 화장하는 게 타인에게 피해를 주는 것도 아닌데 왜 하면 안 되느냐고 반사되어 튕겨 나온다.

그래서 딸의 화장을 대하는 방법을 다르게 택해봤다. 색채감각이나 그림 실력이 좋은 딸은 화장 실력도 수준급이었다. 어느 날은 딸에게 눈 화장을 해달라고 했다. 딸은 부탁하지도 않은 눈썹 정리까지 해주며 그동안 갈고닦은 실력을 유감없이 발휘했다. 딸이 해준 화장이 마음에 들어서 진심으로 좋아했더니 인정받은 듯 뿌듯해했다. 어느 해 핼러윈 데이에 예술 화장으로 정점을 찍더니 대학생이 된 요즘엔 화장에 시큰둥해져서 오히려 내가 제발 예쁘게 화장 좀 하고 다니라고 하는 지경이다.

딸의 고등학교 1학년 여름방학 첫날이었다. 퇴근해서 부랴부랴 집에 들어섰는데 아이는 그날 방학이어서 나보다 일찍 집에

와 있었다. 아이가 나와서 인사를 하는데 수건으로 젖은 머리를 움켜잡고 있었다. 딸은 방학식을 끝내자마자 벼르고 벼르던 머리 염색을 이제 막 끝내고는 만족스러운 웃음을 짓고 있었다.

얼마 전부터 염색을 하고 싶다고 노래를 불렀는데 생애 첫 염색이라면서 들뜬 아이는 방학 날을 디데이로 잡고 드디어 소원을 이룬 것이다. 수건을 벗고 보니 아이 머리는 수박색이었다. 빨간 머리 앤은 들어봤지만, 초록 머리는 처음 보는 터라 놀라웠다. 초록 머리 아이는 흐뭇한 방학을 보냈다. 개학 전날 다시 검은색으로 염색을 하고는 아무 일도 없었다는 듯 학교에 갔다.

권장할만한 것은 아니지만 소원이라고 하고 염색이 타인에게 피해를 주는 일은 아니었으니, 길고 지루한 잔소리로 실랑이를 하는 것보다 실컷 경험해보게 하는 편이 낫다는 판단이었다. 짧은 기간이었지만 아이는 염색을 하고 행복한 방학을 보냈다. 한 달에 두 번의 탈색과 염색을 하고 나니 머릿결은 상할 대로 상해서 오래 써서 망가진 빗자루같이 돼버린 통에 한동안 고생을 했다. 그러고 나니 딸은 탈색과 염색이 얼마나 머릿결에 안 좋은지 알았고 염색을 한다고 세상이 달라지지도 않으며 그걸로 느끼는 행복은 오래가지 않는다는 사실을 깨달은 듯했다.

예뻐지고 싶고 멋지게 보이고 싶은 마음은 어른이 되는 과정이자 인간의 당연한 본능이다. 특히나 사춘기는 그런 본능이 최고

조에 이르는 시기다. 내가 보기엔 거기서 거긴데, 바쁜 아침에 사춘기 아들이 머리카락 한 오라기와 사투를 벌이거나 거울 앞에서 옷매무새를 다듬느라 헐레벌떡 등교하는 모습을 볼 때면 미를 추구하는 인간의 본능을 충분히 짐작게 한다.

교사도 막지 못하는 일이며 부모라도 아이의 본능을 무슨 수로 막을까. 그리고 막아야 할 정당한 이유를 찾기도 힘들다. 화장품을 만드는 사람들에게 아이들 피부에 적당하게 순한 제품으로 만들어달라고 요구하는 것이 나을 수도 있다. 아이가 화장을 잘한다면 아이에게 한 수 배워보거나 아이 피부에 맞는 순한 화장품을 골라 선물한다면 어떨까. 부모가 아이의 성장에 따른 자연스러운 욕망을 수용하고 인정해주면 아이는 부모에게 존중받는다고 느낀다. 아이도 소원할 때는 대단해 보이던 것이 막상 그것을 하고 나면 그리 대수롭지 않다는 것을 느끼고 시들해질지도 모른다.

얼마 전에 우연히 발견한 사춘기 아이들의 화장에 대한 내용은 뒤늦게나마 새로운 관점을 제시해주었다. 이원재 카이스트 문화기술대학원 교수가 아이들의 외모 가꾸기에 대해 연구 조사한 내용이 그것이다. 사춘기 아이들은 아이돌 스타에 열광하고 그들의 외모를 지향하고 따라 하기도 한다. 그런 모습을 본

부모들은 혹시 지나친 외모 열등감이나 외모지상주의에 빠질까 봐 우려한다. 그런 염려도 이해가 되지만, 관심 있게 보면 좋을 점도 있다. 바로, 아이들이 뷰티 게시판에서 화장 이야기를 하다가 자존감이나 퍼스널 컬러를 언급한다는 것이다. 즉, 아이들의 외모 치장이 자신을 알아가는 과정일 수 있다고 말한다.

비슷한 연구 결과로 2020년 서울대학교 김선우 박사의 '한국 여자 청소년의 화장이 학교 적응에 미치는 영향'이 있다. 외모 가꾸기의 부정적인 경로도 인정하지만, 긍정적인 경로도 있다는 것이다. 외모를 가꾸며 자기 관리를 하는 아이들은 실제로 행복 지수가 높다고 한다. 스스로 만족하는 과정을 통과했을 때 학교 적응을 잘하게 된다는 점도 발견했다. 외모 가꾸기를 통한 자존감 향상이 건강한 학교생활에 영향을 준다는 것이다.

외모를 가꾸는 이유에는 여러 가지가 있지만 남들을 의식해서라기보다는 자기만족을 위해 꾸미는 경우도 많다. 조금 더 나은 내 모습을 거울에서 확인하면 자신감이 올라가는 경험은 누구나 해본 적이 있을 것이다.

다만 부모가 TV에 나오는 연예인을 보며 무심코 하는 말이나 타인의 외모나 몸에 대해 평가하는 말이 자녀에게 무의식적으로 영향을 심어줄 수 있으니 조심해야 한다. 자녀에게 남들의 외모를 함부로 평가해서는 안 된다고 지도하기 전에 부모가 먼저 외모나 몸에 대한 공정한 개념을 가져야 한다. 오직 아름다움이 미덕이며 우위에 있고, 추한 것은 열등하다는 오류에 빠지지 않도록 해야 한다.

사춘기 아이들이 스스로 아름다워지고 싶은 본능은 충분히 인정하며 그렇게 행동하는 것에 브레이크를 걸 수는 없다. 하지만 예쁜 얼굴이나 날씬하고 멋진 몸에 대한 맹목적인 추구나 못생기고 뚱뚱한 외모에 대한 무조건적인 폄하는 경계해야 한다.

피할 수 없는 디지털 기기와의 전쟁

사춘기 자녀를 키우는 집이라면 폰이나 게임만큼 고민되는 일도 없다. 마음 같아서는 폰이고 컴퓨터고 다 없애고 싶어도, 그것이 없으면 당장 불편해진다. 아이의 폰을 없애면 엄마도 아이에게 연락을 못 하니 답답할 노릇이고, 아이는 친구들과 소통이 안 되니 관계의 어려움을 느끼기도 한다. 학교의 알림 사항도 폰으로 확인하는 세상이라서 폰은 필수품인 셈이다. 컴퓨터도 상황은 마찬가지여서 이 물건들이 가끔은 필요악처럼 느껴지기도 한다.

딸이 사춘기 때, 그맘때 아이들이 대개 그렇듯 스마트폰에 빠져들기 시작했다. 초등학교 때는 사용 시간 통제를 순순히 받아들였지만, 중학교에 들어가면서부터 순종적인 모습은 온데간데없고 잠까지 줄여가며 폰에 빠졌다. 올바른 폰 사용에 관해 대화도 해보고 나지막한 소리로 타일러도 보았다. 하지만 아이는 내키지 않는 표정으로 "밤에 사용하면 왜 안 되는데?", "다른 집은 안 그러는데…" 라면서 거부하려고 했다.

더 이상 지켜볼 수 없어서 함께 규칙을 만들었다. 자기 전에 폰을 꺼서 안방에 두었다가, 다음 날 아침에 되가져가게 했다. 함께 만든 규칙이라고는 했지만 아이는 흔쾌히 동의하지 않았고, 나의 강제가 실렸다는 점이 맹점이다. 그랬으니 아이는 약속한 시간을 지키지 않으려고 했다. 내가 닦달하면 그제야 못 이기는 척 슬그머니 가져다 놨다. 나 혼자만 열심히 지키는 규칙이었다. 양육 전문가들에게 자녀의 폰 사용에 대한 고민을 토로하면 '규칙을 만드세요'라고 쉽게 말하지만, 규칙은 사춘기라는 괴물 앞에 우스워지고 폐기 처분되기 일쑤다.

혹시라도 내가 깜빡하는 날이면, 딸은 엄마의 기억상실에 쾌재를 부르며 신나게 즐겼다. 어떤 날은 내가 잠든 새에 안방 문을 열고는 폰을 가져가서 실컷 하다가 새벽에 갖다 놓기도 했다. 24시간 감시망을 작동해 눈에 불을 켜고 아이의 폰에만 신경 쓰며 살 수도 없는 노릇이었다. 나중에는 나도 흐지부지되면서 아이는 다시 핸드폰에 빠져들었다.

스마트폰의 중독성도 문제지만 새벽까지 폰을 하느라 줄어든 수면 시간이 더 심각해 보였다. 한창 성장호르몬이 분비되는 시간에 폰에 빠져있었으니 말이다. 나는 아이의 수면 시간 확보가 중요했고 아이는 잠을 줄여서라도 폰을 즐기는 게 중요했다. 대체 그 물건이 무엇이길래 이렇게나 정신을 못 차리는 건지. 폰을 만든 대단한 사람들까지 깡그리 다 원망스러웠다.

한편으로는 지금은 사라진 '셧다운 제도'라도 만들어줬으면 싶었다. 지금으로부터 20년 전쯤 컴퓨터 게임이 급속하게 보급되기 시작한 때에 있었던 제도다. 잠도 안 자고 게임을 하는 청소년들이 심각한 사회 문제로 떠오르자, 신데렐라 마차가 호박으로 변하듯, 자정이 되는 순간 나라에서 청소년의 게임 접속을 끊는 제도였다. 그것처럼 나라에서 청소년 스마트폰 셧다운 제도라도 만들어줬으면 하고 바랐었다.

그러던 어느 날 나는 도저히 참을 수 없이 화가 나서 아이의 폰을 바닥에 내동댕이쳤다. 그 기계 하나 때문에 나는 아이를 원망하고, 아이는 나를 원망하는 관계가 됐다는 게 비참했다. 원망의 대상이 기계인지, 아이인지, 나 자신인지 구분되지 않았다. 아이는 부서진 핸드폰에 울상이 됐다. 나는 폰이 아깝다는 생각은 들지도 않았다.

내 행동은 감정을 주체하지 못하고 욱했던 것일 뿐 해결책은 아니었다. 아이에게는 다시 새 폰을 사줄 수밖에 없었다. 이미

폰 없이는 교우 관계나 학교생활이 유지되지 않을 정도로 아이 일상에 필수품이었기 때문이다.

　한번은 동료 선생님들과 회의를 끝내고 사담을 나누다가 집에 있는 자녀 이야기가 나왔다. 다들 사춘기 중이거나 사춘기를 이제 막 끝낸 아이들이었다. 누가 먼저 시작했는지 모르겠지만, 내 자녀의 기기 사용 때문에 누가 더 마음고생을 많이 했는지 배틀전이 이어졌다. 이미 대학생이 된 아이가 둘이었던 부장님은 아이 사춘기 때 망치로 폰을 부순 일화를 얘기해주시는데, 그 마음이 어찌나 공감되던지. 자녀 폰을 화장실 변기에 일부러 빠트렸다는 지인의 이야기에는 우리 모두 빵 터졌다.
　한창 사춘기 중인 아이를 둔 평소 말이 없고 조신한 선생님은 수줍게 고백했다. 학교에서 일찍 돌아온 아이가 엄마 없는 집에서 게임을 하느라 정신을 못 차리고 있더란다. 다음날 출근할 때 마우스를 빼서 핸드백에 넣어서 가져가면 못 할 거라고 생각했단다. 집에 와보니 아이는 다른 방법으로 게임을 즐기고 있었다고 한다. 다음날에는 공유기를 빼서 가방에 넣어 출근했는데, 어떻게 뚫었는지 게임을 하고 있는 아이에게 두 손 두 발 다 들었다고 했다. 우리는 그 집 아들은 크게 될 녀석이라며 배를 잡고 웃었다.

나만의 문제가 아니었다는 데 안도했지만, 뾰족한 수가 없는 문제라서 웃음 끝이 허탈했다. 사춘기 아이들은 이제 사탕발림 같은 공감이나 강제적인 협박이 통하던 어린애가 아니다. 무조건 못 하게 막으면 관계만 나빠질 뿐이지, 그렇게 해결될 일도 아니었다. '이 또한 지나가리라' 하며 시간이 가기를 기다리는 수밖에 없었다. 아무리 기다려도 그 끝이 도통 언제인가 싶지만 말이다.

딸은 고등학교에 가서 폰 사용이 조금씩 줄어들기 시작했다. 다음 순서는 작은 아이였다. 아들이 초등 고학년이 되더니 게임에 안달하기 시작했다. 드디어 올 게 왔구나 싶었다. 남자아이 성향은 남자가 더 잘 알 테니 아이 아빠와 상의했다. 게임이라고는 일자무식인 나보다 게임 좀 해본 아빠로서는 어떨까 하는 마음이었다. 남편도 피할 수 없는 문제라고 인식하고 있었다. 남편은 말했다.

"게임에 빠져서 PC방에 드나드는 꼴을 보느니, 게임 사양의 컴퓨터를 사주고 집에서 하게 하는 게 낫지 않을까. 게임도 할 만큼 하면 재미없어져서 안 할 때가 와."

나는 게임에는 한 번도 마음 준 적 없고 재미도 못 느껴봐서 이해하기 힘들었다. 그랬다가는 아이가 정말 게임에 빠져서 헤어

나오지 못할까 싶어서 자칫 위험한 도박처럼 느껴졌다. 하지만 내가 나서서 말리면 아이는 더욱더 게임에 집착할 테고 빠져나오는 시간은 더 오래 걸릴 거라는 어렴풋한 예상은 들었다. 도박 같았지만 남편 말을 믿어보기로 했다.

아니나 다를까 아이는 우리의 결정을 듣고 신이 났다. 아빠와 함께 용산에 가서 게임용 PC와 모니터, 마우스 등 모든 기기를 사들여왔다. 아이 방에 게임방이 차려졌다. 아들은 배실배실 웃음이 새 나오는 걸 감추기 어려워 보였다. 어떻게 이용하느냐가 문제였다. 매일 조금씩 야금야금하기보다 주말에 몰아서 게임 갈증을 해소하는 편을 택했다. 술도 한 번에 진탕 먹는 사람보다 매일 조금씩 먹는 사람이 알코올 중독이 될 확률이 높다는 나만의 뇌피셜 근거였다. 아들도 기분 좋게 동의했다.

아들은 주말이 되면 깨우지 않아도 일찍부터 일어나 신나게 게임을 즐겼다. 정해진 시간이 되면 아쉬워하면서도 지키려고 노력했다. 나는 약속한 시각이 됐다고 해서 칼같이 전원을 끈다든가 하는 매너 없는 행동은 하지 않았다. 내가 게임은 못 해도 판이 끝나기도 전에 전원을 꺼버리는 건 고스톱에서 판을 엎어버리는 것과 같은 비매너 행위라는 것쯤은 알고 있었기 때문이다.

주말에만 허용했으니 아이는 주말이면 온통 게임에 집중력을 발휘했다. 친한 친구들도 온라인 게임에서 만나곤 했다. 가끔은 게임을 포기하고 땀을 뻘뻘 흘리면서 운동을 하고 오기도 했다. 아들은 어릴 때부터 밖에서 뛰어놀기를 좋아한 아이라서 고심해서 선택하며 양쪽을 번갈아 가며 즐겼다.

중학교 3년이 다 가도록 게임을 줄이기는커녕 눈에 불을 켜고 빠져드는 모습을 볼 때면 조바심이 나고 애가 타들어 갔다. 남편에게 "대체 언제쯤 돼야 안 하는 건데…?" 하며 물었다. 그때마다 남편은 기다리라고만 했다. 그러다 아들이 중학교 졸업을 앞둔 어느 날, "컴퓨터 팔고 그 돈으로 태블릿을 사면 안 될까?" 하고 말했다. 궁금해서 이유를 물었다. 아들은 "고등학교 가면 공부해야 하니까 태블릿이 필요할 것 같아서…. 컴퓨터 게임은 이제 안 하려고…" 라고 했다.

아들은 자기 말대로 고등학교에 들어가면서 컴퓨터 게임을 완전히 접었다. 만약 아이가 그때 다른 선택을 했다면 고3인 지금까지도 게임을 하고 있을지 몰랐을 일이다. 최악의 상황을 가정하면 거기까지도 각오했었다. 아이는 컴퓨터 게임 대신 틈새 시간에 스마트폰으로 스트레스를 푸는 걸로 만족했다. 못 본 척해주고 거기까지는 관여하지 않기로 했다. 그 정도의 숨구멍은 남겨둬야 아이도 숨이 좀 트일 테니.

나는 남들에게는 자세히 설명하기 힘들지만, 근거 없는 믿음이 있었다. 아들이 계속 게임에 빠져 살거나, 딸이 폰에만 빠져 살지는 않을 거라는 믿음 말이다. 언제까지 그렇게 하느냐의 문제였지 때가 되면 스스로 줄일 거라는 실오라기 같은 믿음으로 버텼다.

얼마 전 아들과 게임과 공부의 상관관계에 관한 대화를 나누다가, 아들이 그랬다.

"게임을 할 애들은 하고, 안 할 애들은 안 해. 나도 중학교 때 게임 때문에 공부를 안 한 게 아니야. 게임을 하지 않았어도 그 시간에 공부 안 했을 거야. 친구들도 게임 때문에 공부를 못 하고 안 하는 게 아닌 것 같아."

컴퓨터와 공부의 상관관계는 어른들의 예상만큼 크지 않다는 말이었다. 듣고 보니 기성세대는 '폰이나 컴퓨터만 없다면 공부를 더 열심히 할 텐데…'라고 여기지만, 과연 그 물건만 없어지면 공부를 더 열심히 할지 의문이긴 하다.

여기까지는 불과 몇 년 전, 내 아이들과 나의 경험이지만, 이제는 나처럼 무조건 아이들을 믿고 맡기라고 말하기에는 다른 세상이 된 듯하다. 유아기부터 디지털 기기에 이미 익숙한 아이들은 하루가 멀다 하고 발전하는 스마트폰의 다양한 앱과 소셜 미디어의 변화를 스펀지 흡수하듯 빨아들인다. 초등학교 입학 선물로 폰을 사주고 아이들도 필수품인 듯 폰을 사용하는 시대가 됐다.

어른들은 아이들의 요구에 어쩔 수 없이 사주었지만 사춘기 자녀와 디지털 기기 문제로 집집마다 홍역을 앓고 있다. 폰 사용을 유리구슬 들여다보듯 볼 수 있는 앱을 자녀 폰에 깔아두는 부모도 있다. 아이의 24시간을 CCTV로 감시하려는 부모의 집요함과 어떻게든 부모 눈을 피해 자기만의 세상을 즐기려는 아이들의 전쟁처럼 보이기도 한다.

'디지털 세계는 우리 아이들을 어떻게 병들게 하는가'라는 부제를 달고 있는 《불안 세대》라는 책이 있다. 저자인 조너선 하이트 교수의 연구 결과에 의하면 지금의 아이들은 스마트폰 기반 아동기이며, 놀이 기반 아동기를 거친 과거 세대에 비해 우울이나 불안과 같은 심리적 문제가 증가하고 문해력이나 사고력이 우려할만한 수준으로 저하됐다고 한다. 이러한 문제점을 인식한 몇몇 나라에서는 이미 청소년들에게 스마트폰이나 소셜 미디어 플랫폼 사용을 제한하는 제도를 만들려는 움직임을 보이고 있다. 호주는 세계 최초로 SNS 사용 가능 연령을 14~16세 이상으로 추진하는 중이며, 대만은 이미 2015년부터 청소년이 디지털 기기를 일정 시간 이상 사용을 금지하는 '아동·청소년 복지권익보호법'을 시행 중이다. 미국과 이탈리아를 포함한 많은 나라들로 확대될 것으로 보인다. 이런 내용은 사춘기 자녀를 둔 대부분의 부모들이라면 격하게 환영하지 않을까 싶다.

나 역시 요즘 아이들의 스마트폰 사용 실태를 보면서 무척이나 우려스럽지만 이번에는 부디 현실적인 대안이 될 수 있기를 바란다. 이십 년 전에 시행했던 셧다운 제도를 폐지한 이유는 게임업체의 반발도 있었지만, 제도 자체의 실효성 때문이기도 했다. 제도로 모든 것을 해결할 수 없다는 한계를 느낀 것이다. 그당시 셧다운을 피하려고 부모님의 주민등록번호를 몰래 이용해 게임을 하는 아이들이 또 다른 문제로 드러났었다.

나 또한 어릴 때 우리를 바라보던 기성세대의 눈으로 지금의 아이들을 바라보고 있는지도 모른다. 내가 어릴 때는 오락이나 만화에 빠진 아이들이 많았다. 컴퓨터나 스마트폰에 비하면 추억 돋게 하는 귀여운 물건이지만, 그것은 단지 지금의 관점이다. 그때만 해도 어른들은 오락이나 만화를 애들 잡아먹는 귀신 보듯이 했었다.

지금 아이들이 코를 박고 빠져서 하는 컴퓨터 게임이나 스마트폰을 먼 훗날에는 어떻게 회상하게 될까. 우리가 예전의 오락이나 만화를 추억하듯, '그땐 그랬지' 하며 향수에 젖을지, 대체 그

위험한 물건을 어떻게 모두 하나씩 들고 다니게 했을까 할지 아직은 모를 일이다. 문명의 발달이라는 거대한 수레바퀴 안에서 우리는 아이들과 함께 굴러가고 있기 때문이다.

재수 없는 엄마, 재수 있는 아이

"엄마는 한 번도 실패한 적이 없잖아." 딸의 말이다.

그렇다. 나는 큰 시험에서 떨어져 본 일이 없다. 대학 입시, 교사 임용고사, 하다못해 운전면허도 모두 한 번에 붙었다. 그야말로 '재수 없는' 엄마다. 하지만 시험에서 떨어져 본 적 없다고 실패한 적이 없을까. 그렇다고 딸을 붙들고 '아니야, 그렇지 않아. 내가 얼마나 많은 실패를 했냐면…' 하며 구구절절이 늘어놓고 싶지는 않다.

우리 아이들도 재수 없이 한방에 붙기를 바랐다. 큰애가 고3일 때 전국에서 대학 어디를 가도 좋으니 재수만은 하지 않기를 바랐다. 디자인 쪽으로 일찌감치 진로를 정한 아이는 큰 기대 없이 수시를 몇 군데 치렀고, 반전 없이 불합격 통지를 받았다. 실망하지 않고 원래 계획대로 정시를 바라보고 있었다.

미술에 소질을 보여 일찌감치 미술을 시작했고, 고등학교 입학하면서부터 본격적으로 디자인 계열을 희망하며 준비해왔다. 좋아서 시작한 미술이라지만 미대 입시의 세계는 상상 이상이었다. 미술 학원 수강료, 재료비 등 기본적으로 많은 돈이 들어간다. 방과 후 시간 대부분을 실기에 투자하지만, 공부 비중도 무시하지 못하기에 틈틈이 공부까지 해야 하는, 그야말로 두 마리 토끼 잡기 대작전이다.

게다가 실기의 비중이 반 이상을 차지하는 정시에서는 아무리 뛰어난 입시 베테랑 강사라 하더라도 합격·불합격을 예상할 수 없었다. 실기 시험은 평가자가 작품을 어떻게 보는지에 따라 결과가 크게 달라질 수 있기 때문이다. 수능 점수를 넣어 합격을 예측해주는 프로그램을 돌려봤지만 반 이상을 차지하는 실기까지 계산해줄 수는 없는 일이었다. 차라리 점쟁이를 찾아가는 게 낫지 않을까 싶을 정도였다.

딸은 미술 학원 선생님과 상의해서 세 곳에 정시 원서를 넣었다. 나는 집에서 멀어도 괜찮으니 안전하게 지원하기를 바랐지만 내 의견만 고집할 수는 없었다. 학교 선생님들도 힘들다는 미대 입시에 전혀 문외한이었던 우리 부부는 전문적인 경험이 풍부한 미대 입시 전문 학원에 의지할 수밖에 없었고 아이의 선택을 믿어줘야 했다. 11월에 수능을 치르고 12월에 정시

원서를 넣고 나서, 함께 수능 본 친구들은 느긋하게 쉬고 있을 1월 한 달 내내 매주 한 곳씩 실기시험을 보러 다녔다. 시험 보는 날이 되면 대학교까지 차로 실어 날라주었고 끝날 때까지 기도하는 심정으로 몇 시간을 기다렸다. 결과는 석 장의 카드 모두 낙이었다.

딸과 우리 부부 모두 낙담했고 집의 분위기는 침울해졌다. 아이는 고졸로 학창 시절을 마감할 판이었다. 우리 부부는 대학을 안 나와도 살 수 있다고 생각했고, 우리의 이런 마인드를 잘 알고 있던 아이는 재수 이야기는 입도 뻥긋하지 못했다. 한동안 절망에 빠졌던 아이는 새로운 결심을 한 듯 보였다. 눈치를 보아하니 재수를 하고 싶은 마음은 있는데 차마 면목이 없어서 지원해달라는 말을 못 하는 듯 보였다.

미대 입시는 공부와 실기를 병행해야 한다. 공부만 한다면 몰라도 실기는 경제적 뒷바라지가 없다면 가당치도 않은 일이란 걸 딸도 잘 알고 있었다. 아이는 어떻게 할 생각인지는 몰라도 이미 각오한 듯 보였다. 돈도 돈이지만, 지옥 같은 입시를 일 년 더 할 아이를 생각하니 눈앞이 캄캄해지고 한숨이 나왔다.

나는 아이 자신의 결정을 따르는 편이고 우리 능력으로 가능하다면 경제적으로 독립하기 전까지는 뒷바라지해 줄 마음이 있었다. 하지만 중대사안이기도 했고 재수를 한다면 경제적 부담을 더 크게 느낄 사람은 나보다도 남편이었기 때문에 남편의 결정이 필요했다. 남편은 아이들 교육에 나서서 소소하게 말하거나 참견하는 편이 아니었다. 바쁘기도 했지만 아이들 교육을 포함한 집안일에 관해서는 나를 믿고 모두 맡겨왔다. 하지만 이번에는 남편에게 공을 넘기고 결정하는 대로 따르겠다고 했다. 남편과 딸은 일주일 동안 각자 고민해보고 만나기로 했다.

일주일 후에 딸의 계획을 먼저 들어봤다. 공부는 독서실에 다니면서 하고 미술 학원만 지원해주면 나중에 갚겠다고 했다. 엄마, 아빠에게 완전히 지원해 달라고 하기에는 염치가 없었는지, 최대한 우리의 사정을 고려한 결심으로 보였다. 딸의 말을 들은 남편은 기숙학원에 보내줄 테니 이번이 마지막이라는 각오로 열심히 해보라고 했다. 딸은 기대하지도 않았던 기숙학원이라는 말에 감격한 듯 보였다.

우리 부부는 큰애의 재수를 결정하면서 그런 대화를 나눴다. 아이가 대학에 한 번에 붙으면 본인이나 우리에게도 가장 좋겠지만 상황이 이렇게 됐고, 우리가 다행히 재수를 지원해 줄 형편은 되니 부모로서 도와줘야지 어쩌겠나. 그동안 재수는 안 된다고 으름장을 놓았지만, 아이 인생 전체에서 일 년이란 대수롭지 않을 수도 있다. 사회 생활하다가 대학에 입학하는 사람도 있는데, 일 년쯤이야. 생각해보면 우리가 그렇게 부르짖었던 '재수는 절대 안 된다'라는 말이 얼마나 무색했던가. 우리의 바람이었지만 인생은 진정 원하는 대로 풀리지 않는다는 사실을 다시 한번 깨달았다.

산허리에 눈이 채 녹지도 않은 2월 말, 코로나가 창궐해서 뒤숭숭할 때 아이는 을씨년스러운 바람을 맞으며 산골짜기에 있는 기숙학원으로 들어갔다. 몇 달에 한 번씩 휴가를 나와 며칠 머물다 갔고, 나는 한 달에 한 번씩 면회하러 갔다.

면회를 가면 딸이 좋아하는 파스타를 사 먹이고 나서, 함께 가까운 공원을 산책하거나 카페에 앉아 대화를 나눴다. 시작한 지 채 몇 달 되지 않았을 때였는데, 기숙학원에 적응하지 못하고 나간 친구가 몇 명 있다고 했다. 미식가였던 딸은 기숙학원 음식에 대한 기대는 접었고, 방 하나에 여럿이 사는 단체생활에도 무뎌진 듯 보였다. 올해만은 자신에게 밥이나 방이 중요하지 않다고 했다.

핸드폰을 사용하지 못하는 아이는 사방 둘러싸인 숲 사이로 빼꼼히 보이는 하늘에 떠가는 구름을 벗 삼아 친구와 산책하는 것이 취미라고 했다. 어느 날은 내 손을 잡아끌어 계곡의 도롱뇽알을 소개하며 그 변화를 관찰하는 것이 새롭게 발견한 놀이라고 했다. 가끔은 산등성에서 어슬렁거리는 고라니를 발견하는 재미가 있다고 말하는 아이는 속세를 떠나 도인이라도 된 듯이 보였다. 아이에게 유일한 낙은 밖에서 오는 편지라는 말에 나는 틈만 나면 편지를 써서 보냈다. 나중에 기숙학원을 퇴소할 때 보니 모아둔 편지가 책 한 권이었다.

매달 면회를 거르지 않았다. 면회하러 집을 나설 때면 '대꾸하지 말고 들어주기만 하자'고 결심했다. 어떤 코멘트도 하지 말고 호응하고 격려만 해주기로 마음먹었다. 대화의 거의 모든 지분이 딸에게 있었고 아이의 모든 화제는 공부였다. 딸은 그림은 곧잘 그리는 편이라서 작년의 실패 요인이 공부였다고 여기는 것 같았다.

자신이 지금 이러저러한 식으로 공부를 하고 있는데 이 방향이 맞는지 고민이라고 했다. 내 조언을 특별히 묻지 않으면, "잘하고 있네."하며 맞장구를 쳐주고 내 의견이 궁금하다고 물어오면 그때 조곤조곤 말해주었다. 차곡차곡 쌓아두었던 생각 주머니를 나에게 풀어 헤치면서 공부 방향을 정리하는 듯 보였다. 그렇게 딸은 흔들리는 마음을 다독이며 방향을 잡아갔고 면회가 끝나면 확신이 생겼다는 듯 개운해진 얼굴로 들어갔다.

엄마가 교사였어도 딸이 나에게 공부 방법에 대한 조언을 구한 적은 그때가 처음이었다. 공부에 임하는 자세가 이전에 비해 진지하고 겸손해 보였다. 전국에서 모인 기숙학원 친구 중에는 어려운 형편에 어렵게 지원받은 친구도 있었고, 어릴 때부터 지병이 있는 친구도 있다고 했다. 여러 친구를 보면서 자신의 처지가 얼마나 감사한지 느낀다고도 했다.

처음 재수를 결정할 때는 앞이 캄캄하기만 했는데 계절은 흘러갔다. 그렇게 혹독한 시간을 보내고 다음 해 봄, 딸은 대학 신입생이 되었다.

몇 년이 지난 일이지만 아이는 지금도 재수하던 시절을 떠올리기 싫어한다. 자기 인생의 암흑기라 여기기 때문일 테다. 그런데 아이는 알까. 그 시간을 지나며 자신이 얼마나 성장했는지.

대학에 들어간 지 얼마 되지 않았을 때 딸은 이런 말을 했다.

"엄마, 현역으로 들어온 친구들 하고 n수로 들어온 친구들은 좀 다른 것 같아."

"그래? 어떻게 다른데?"

"뭐랄까. 현역 애들은 과감한 면은 있는데 조금 어려워 보이면 바로 포기하더라고. 그런데, n수생들은 좀 더 끈기 있고 겸손한 것 같아."

바로 딸이 그랬다. 인생을 대하는 자세가 달라졌다. 딸은 그 나이 때 나보다 훨씬 성숙했다.

나야말로 '재수 없이' 대학에 들어가고 '재수 없이' 교사가 돼서 인생이 다 내 마음대로 되는 줄로만 알았다. 그런데 결혼하고 아이를 낳아 키워보니 세상에 내 마음대로 안 되는 게 얼마나 많던지. 특히 내 자식. 얼마나 마음대로 안 되면 일본의 어떤 엄마는 졸친을 선언했을까. 권남희의 《귀찮지만 행복해 볼까》를 읽다가 이런 글을 발견했다. 나이 55세의 닉네임 '지친 엄마'님은 마이니치 신문 독자란에 아래와 같이 졸친 선언 글을 올렸다고 한다.

충치가 생기지 않도록 어릴 때부터 양치질 습관을 들여놓았더니 커서는 양치질도 하지 않는 성인으로, 매일 밤 책 읽어주며 독서 습관 들여놓았더니 휴대전화 아니면 활자라고는 읽지 않는 성인으로, 학교 급식표를 붙여 놓고 메뉴 중복되지 않도록 영양소 신경 쓰며 키웠더니 컵라면을 제일 좋아하는 성인으로, 환경의 소중함을 가르쳐 주려고 환경 운동도 같이했는데 방을 쓰레기장으로 해 놓고 사는 성인으로 자란 자식을 보며 '지친 엄마'님은 인제 그만 엄마를 졸업하겠다고 졸친 선언을 했다. 졸친하는 길에 마지막으로 아들에게 한마디 하고 싶다며 이렇게 덧붙였다. "노력이 전혀 열매를 맺지 않는 세계가 있다는 걸 가르쳐 주어서 고~맙다."

나는 재수 없는 엄마지만, 내 딸이 재수하는 동안 시간이 아깝다거나 다른 아이들보다 늦어서 어쩌나 하는 걱정은 하지 않았다. 딸이 들으면 펄쩍 뛸 말이지만, 아이 인생에서 그 일 년은 꼭 필요한 시간이 아니었나 싶다. 혹은 운명이 그렇게 만든 건 아닐까 싶기도 하다. 그만큼 아이는 그 시간을 통해 삶에 겸손해졌고, 더 단단해졌고, 더 깊어졌다.

지금 작은애가 고3이다. 아이에게 '재수는 절대 안 돼'라는 말은 하지 않는다. 인생이란 우리가 정할 수 없다. 결과를 인정하고 받아들이는 것 말고 우리가 무엇을 할 수 있을까. 딸을 보며 깨닫는다. 나쁜 일이라고 다 나쁜 것만은 아니고, 좋은 일이라고 다 좋은 것만은 아니다. 삶이란 복잡하게 나쁘고 복잡하게 좋기도 하다.

4장
너와 나의 아름다운 독립을 위하여

자녀의 가치를 침범하지 않는다

내 자식이 잘 살기를 바라는 것은 부모의 당연한 마음이다. 그렇다면 잘 산다는 것은 무엇일까. 사회적, 도덕적 기준이 지금보다 명확했던 과거에는 성공의 개념도 단순했다. 안정적인 직장에 취업해서 적당한 나이에 배우자를 만나 결혼하고 아이 낳아 기르다가 내 집 마련해서 살면 보통 그럭저럭 잘 산다고 할 만했다. 번듯한 전문직에 종사하며 부와 명예를 거머쥐기라도 하면 엄지척하며 성공을 인정했다. 그런데 지금도 그렇다고 할 수 있을까.

세상은 너무도 빨리 변한다. 어제와 오늘이 다를 정도다. 이런 세상에서 확고한 가치관으로 살기란 쉽지 않다. 소중한 가치의 종류는 많지만 모든 가치를 추구하며 살기도 어렵다. 때로는 하나의 가치를 추구하기 위해 다른 가치를 희생하기도 한다. 하고 싶은 일은 아니지만 생계를 위해 꾹 참고 매일 아침 출근하거나, 사회 정의를 위해 생업을 내려놓기도 하고, 돈벌이가 얼마 되지는 않더라도 큰 보람이 느껴지기 때문에 일하기도 한다.

어릴 때 친구네 집에 놀러 가면 어린 눈에도 살림살이가 다들 고만고만했다. 그러다 처음으로 사람 사는 모습이 다 비슷한 건 아니라는 자각을 한 적이 있다.

초등학교 3학년 때 친구가 자기 집에 놀러 가자고 해서 토요일 수업이 끝나고 친구 집으로 향했다. 그런데 집이 아니라 약국으로 들어간다. 친구네 엄마가 약사라는 건 알고 있었다. 약국 뒤편의 조그만 쪽문으로 들어가니 완전히 다른 세상이 펼쳐졌다. 우리 집 마당보다 넓은 거실이 나왔고, 전면 통유리창 밖으로는 잔디밭이 깔린 정원이 보였다. 거실 한쪽엔 고급스러운 자태의 그랜드 피아노가 놓여 있었다. 놀란 티를 내지는 않았지만, 속으로는 입을 다물지 못했다.

친구는 자기 방이 있는 2층으로 나를 데리고 올라갔다. 2층은 마치 또 다른 집처럼 보였다. 작은 거실과 서재, 욕실이 있었다. 친구는 아빠 서재를 구경시켜 주겠다며 서재 문을 열었다. 방 중앙에 중후한 책상 한 채가 놓여있었고 출입문을 제외한 모든 벽면에는 책이 빈틈없이 꽉 들어차 있었다. 드라마에서만 보던 부잣집 그대로였다. 완전히 다른 세계였다. 함께 인형 놀이를 하다가 배가 출출해지자 친구가 라면을 먹자고 해서 주방으로 갔다. 기다란 식탁이 놓여 있었고 일하는 아주머니가 계셨다. 친구는 아주머니께 라면을 끓여달라고 했다. 집에서 먹던 것과 분명 같은 라면이었는데, 어딘가 다른 맛이 나는 것 같았다.

  그렇게 사는 사람이 진짜로 세상에 존재한다는 사실에 놀랐다. 평범한 일상이라는 듯 아무렇지 않게 부를 누리는 친구에게 더 놀랐는지도 모르겠다. 내가 도저히 닿을 수 없는, 완전히 다른 차원에 대해서는 부러움조차 생겨나지 않는다는 것을 그때 알았다. 태어나서 처음 느껴보는 설명하기 힘든 기분이었다. 조금 더 큰 후에야 그때 그 기분은 내 삶의 반경에 존재하지 않는 이질감이었음을 알았다.

  그날 집에 돌아와서는 엄마한테 친구네 집에 갔던 이야기를 미주알고주알 늘어놓았다. 엄마는 흥미롭게 들으시고는 앞으로 다시는 그 친구 집에 놀러 가지 말라고 당부하셨다. 호기심 많은 어린아이의 눈에는 그저 새로운 놀이터를 발견한 듯 신기할 뿐이었는데 이유도 말해주지 않고 무조건 가지 말라고 하는 엄마가 의아했다.

  엄마는 그때 왜 친구 집에 놀러 가지 못하게 했을까. 내 짐작으로는 혹여 내가 부자 친구를 보고 심한 열등감에 빠지거나,

우리 처지에서는 오르지 못할 나무를 바라보며 허황한 꿈에 빠질까 봐 그러시지 않았을까 싶다. 어릴 때부터 봐온 우리 집은 가난했지만 그럼에도 불구하고 부를 추구하고 탐닉하는 태도를 천박하게 여겼다. 돈을 티 나게 밝혀서는 안 되며 돈 앞에서는 고상하게 행동하는 게 미덕이라고 했다. 당시 서민들이 그랬듯 돈이란 성실하게 한푼 두푼 저축해서 모아야 하며 대출을 했다가는 큰일이라도 난다는 듯이, 절대로 해서는 안 될 경제 악으로 치부했다. 지금은 많이 달라졌지만 예전의 평범한 서민들은 돈에 대한 개념이 대체로 그러했다. 하지만 어린 내 눈에 비친 어른들의 세계는 그렇게 보이지 않았다. 어른들은 겉으로 내색하지는 않았지만, 돈을 정말 좋아했다. 돈 앞에서 점잖은 척했지만, 돈을 갈구하고 열망하는 속마음이 어린 내 눈에도 훤하게 보였다.

 나는 부모님의 가르침대로 성실하게 버는 돈만이 내 것이라는 경제 개념을 이어받았고 어른이 되고 난 후에도 한동안 이어졌다. 대출이 자본주의 경제 제도에서 이용할 수 있는 하나의 선택지가 될 수도 있다는 관점으로 바뀌기까지는 한참의 시간이 걸렸다. 그만큼 부모님이 심어준 돈의 가치와 개념을 바꾸기란 쉽지 않았다.

어느 날 남편이 TV 리모컨을 이리저리 돌리다가 멈춘 프로그램을 함께 보다가 어릴 때의 나와 비슷한 문제를 겪는 사람을 발견했다. 일반인 학생과 학부모가 출연해 공부하면서 힘든 고민을 이야기하면 유명 일타 강사가 솔루션을 제공해주는 프로그램이었다.

그날 내가 본 내용은 이렇다. 자녀가 4형제인 다복한 가정이었다. 첫째 고1 학생은 성적이 상위권이었지만 지망하는 의대에 갈 성적에는 못 미쳐 고민이었다. 이 집의 특이점은 다른 집에 비해서 아빠가 아이들 학습에 매우 높은 관심을 두고 있다는 것이었다. 보통의 집에서는 엄마가 담당하거나 학원에 맡기는 역할을 4형제 학습지도며 상담까지 아빠가 주도적으로 이끌고 있었다. 아빠의 적당한 관심은 아이들 학습에 좋은 자극이 되고 엄마는 양육 부담을 나눌 수 있으니 바람직해 보였다.

그러나 얼마 못 가 불편해지기 시작했다. 알고 보니 의대를 지망한다는 것은 아이의 꿈이 아니라 아빠의 꿈이었다. 아빠는 4형제 모두 의사가 되기를 바라고 있었다. 첫째 아이의 성적은 약대에 가기에는 충분한 성적이었고 아이도 내심 바라는 눈치였으나, 아빠는 의대가 아니면 안 된다고 강요했다. 물론 내가 본 방송이 모두 진실이라고 여기지는 않는다. 방송은 어느 정도 대본이 있고 편집의 미학이라는 것을 알고 있으니 말이다.

나만 불편하게 느낀 것인지 궁금해져서 사람들의 반응을 찾아보았다. '나라도 아이가 잘하면 그렇게 하겠다', '수시의 문제를 알겠다. 내신에서 한 번 삐끗하면 가고 싶은 대학 못 간다', '그 아이가 공부할 때 쓰던 태블릿이 어느 제품인지 나도 우리 아이한테 사주고 싶다', '아이가 아빠 말을 참 잘 듣는 착한 아이더라' 등의 반응이 대부분이었고 나와 비슷한 의견을 가진 사람은 소수였다.

내가 방송을 보면서 불편했던 까닭은 아빠가 부와 명예를 추구했기 때문이 아니다. 그 아빠는 자녀가 사회적 계층 피라미드의 상위 1%를 차지하기를 바랐다. 그것이 문제가 되지는 않는다. 자본주의 시대를 살면서 부와 명예라는 가치를 추구한다고 손가락질할 수는 없다. 어떻게 활용하느냐의 문제이지, 가치 자체에는 선악이 없기 때문이다. 나에게 문제는 '부모가 중요하게 여기는 가치를 자녀에게 강요해도 되는가'였다.

그 아빠의 마음도 이해는 된다. 부모는 이미 삶의 경험으로 더 편안하고 풍요로운 삶을 누릴 수 있는 길을 알고 있다. 그렇기에 자식이 좀 더 편안하고 확실한 길로 가기를 바랄 수 있다. 하지만 강요할 수는 없는 문제다. 부모의 강요에 의한 길이라면 과연 아이의 삶이 편안할 수 있을까. 돈을 잘 벌고 높은 명예에

오른다고 해서 끝까지 꽃길이라고 보장할 수 있을까. 자녀가 아무리 탄탄대로를 걸어도 자신이 선택한 주도적인 삶이라야 행복을 느낀다. 본인이 선택한 길이 아니라면 언젠가는 회의감이 들거나 때로는 부모를 원망할 수도 있다.

　나는 내 아이들에게 이 길이 좋으니 이 길로 가라고 말할 자신이 없다. 혹시나 아이들이 내 뒷모습을 보고 자라서 은연중에 나에게 영향을 받는 것까지는 어쩌지 못한다고 하더라도 내가 앞장서서 어느 길로 가라고 강요하지는 못하겠다. 아이에게 내 가치를 강요했을 때 나중에 돌아올지도 모를 후환이 두렵다. 자녀를 탄탄대로로 리드하지 못하는 비겁한 엄마라는 말을 듣더라도 그렇게는 못 하겠다.

　어린 날의 내 경험과 TV 프로그램에서 본 사례는 부모에게 중요한 가치가 자녀에게 어떤 영향을 미칠 수 있는지 보여준다. 대체로 사춘기 즈음부터 자기 가치관을 만들어 나가기 시작한다. 경험은 가치관을 형성하는 밑거름이 되어 아이들은 서서히 자기 신념을 정립해간다. 긍정의 경험뿐만 아니라 부정적인 경험도 소중한 자양분이 된다.

　부모의 말이나 행동, 친구들, 선생님의 영향을 받기도 하고 책을 읽다가 마음에 드는 가치를 발견하기도 한다. 취할 것은 취하고 버릴 것은 버리면서 자기 결에 맞는 가치관을 스스로 선택한다. 어른이 된 이후라도 나이를 먹어가면서 가치의 우선순위가 달라지기도 한다.

중요한 가치는 매우 개별적이다. 시대에 따라 '중요한 가치는 이것이다' 하고 사회적인 기준으로 합의되지 않는다. 특히나 지금의 시대는 너무나 다양한 스펙트럼이 존재한다. 언뜻 떠오르는 것만 해도 '건강, 부, 명예, 자유, 정의, 환경…', 모두 다 소중해서 어느 것 하나 빼기가 어렵다. 시대마다, 사람마다 가치관이 다르니, 무엇이 정답이라고 말할 수도 없다. 하지만 나에게 어떤 것이 중요하다고 판단한 순간부터는 그것이 진리가 된다. 나와 다른 쪽을 추구한다고 해서 비난할 마음도, 내 가치를 강요할 마음도 없다. 그들도 그들만의 진리로 산다고 믿으니까.

자녀가 어떤 가치를 선택할 것인가는 아이의 권한이다. 부모가 내미는 가치관이 정답이라고 말할 수 있을까. 마치 종교나 정치 성향 선택과도 비슷하다. 나는 가톨릭 모태 신앙으로 태어났지만 사춘기 이후부터 지금까지 무교다. 정치 성향도 부모님과는 다르다. 인생관이나 가치관 역시 부모의 영향을 받을 수는 있어도 결국엔 나의 선택이었다.

지금 나에게 소중한 가치라고 해도 자식에게 강요하지 않고 침범하지 않으려고 한다. 만약 아이가 내 삶의 방향과 다른 길을 선택하더라도, 그 선택을 존중해주려고 한다. 그래야만 아이가 자기 삶에서 소중한 가치를 스스로 찾을 수 있을 거라고 믿는다.

엄마는 관람석에 앉아 있었다

김연아 선수가 올림픽에서 얼음판을 가르며 연기할 때, 지켜보는 내내 심장이 떨렸다. 김연아 선수에 대한 애정이 커서 그랬는지, 마치 내 자식인 듯 조마조마해서 제대로 쳐다보기 힘들었다. 그때 김연아 선수의 엄마가 카메라에 잡혔는데 관람석 한 구석에서 조용히 숨죽이고 앉아 있었다.

엄마는 겉으로는 태연해 보였지만 그 속이야 말해 무엇할까. 딸이 멋지게 연기하기를 간절히 빌었을 테고, 불안하고 떨리는 마음에 애가 타들어 갔을 것이다. 엄마는 애써 긴장을 감춘 듯 보였지만 경직돼 보였다. 꼿꼿한 자세로 두 눈 부릅뜨고 대범하게 지켜보고 있었다. 김연아 선수의 연기도 멋졌지만, 엄마의 의연한 모습이 오래도록 잊히지 않았다.

자식이 올림픽에 나가지는 않았지만 나도 요즘 비슷한 기분이다. 작은 아이 수능이 코앞으로 다가왔다. 아이가 고3이라고 말하면 상대의 반응을 통해 그 집 아이의 나이를 짐작할 수 있다. 자녀가 아직 어린 엄마들은 "아휴, 힘드시겠어요."라며 공감 어린 말을 건넨다. 반면, 입시를 겪어본 엄마들은 뭐라고 말을 못 한다. 얼마나 힘들지 다 안다는 듯, 표정과 눈빛에 모든 말이 담겨 있다.

아이들이 어렸을 때 유명 맘카페의 회원이었다. 처음에는 무슨 정보라도 얻을까 싶어 가입했지만, 거기 모인 엄마들의 뜨거운 교육열에 타버릴 것 같아서 오래전에 탈퇴했다. 탈퇴하기 전에 한번은 이런 일이 있었다.

요지는 이렇다. 어디다 마음 풀 곳 없는 고3 엄마들이 그나마 게시판에 대고 하소연을 하는데, 입시를 겪어본 엄마가 아니면 댓글을 금지한다는 공지가 떴다. 아직 자녀 입시에 경험이 없는 초등학생이나 중학생 엄마들이 고3 엄마들에게 훈수를 두는 댓글이 자칫 예민한 고3 엄마들의 심기를 건드린다는 이유였다. 이를테면 아이도 낳아보지 않은 여자가 임산부에게 훈수를 두는 과한 오지랖과도 비슷하다는 해석이었다.

나는 구경꾼에 불과한 유령회원이었고, 어느 편도 아니었기에 트러블을 관망하고만 있었다. 하도 여러 날 논쟁이 이어지길래 곰곰이 생각해봤다. 후배 엄마들이 안쓰러운 마음에 고3 엄마에게 위로하는 마음으로 썼다고 이해하지만, 마음으로만 응원하고 입 꾹 닫고 가만히 있는 것이 도리 같았다. 또 한편으로는 그렇게까지 까칠하게 댓글 금지까지 할 일인지, 미경험자 엄마들의 귀여운 오지랖으로 봐줘도 되지 않을까 싶기도 했다. 그만큼 자녀가 수험생이 되면 엄마는 소소한 말 한마디에도 예민하기 이를 데가 없다.

큰애가 현역과 재수로 두 번의 대학 입시를 치르면서, 재수생 엄마의 예민함이란 고3 엄마의 몇 배라는 것을 실감했다. 요즘 재수는 어디 한 군데라도 발을 걸치고 돌아갈 대학을 만들어 놓고 한다지만 큰애는 그런 식으로 한 재수가 아니었다. 재수도 안 되면 돌아갈 곳이라고는 없는 쌩 재수였다. 삼수만은 절대 없다는 결심으로 아이도 나도 벼랑 끝에 서 있는 심정이었다.

처음 겪는 일이 아니니 조금은 담담하지 않을까 생각하지만 똑같은 입시라도 한 번 쓴맛을 본 후의 재수는 훨씬 더 절박해진다. 현역 때는 처음이라 잘 몰라서 어설펐고, 재수는 경험으로 알아서 더 불안하다. 지금 작은애 입시가 나로서는 세 번째인 셈이지만 입시는 몇 번을 겪어도 익숙하지 않다. 왜 아이의 입시가 부모에게도 고통일까? 아이가 인생에서 처음으로 맞닥뜨리는 거대한 시련을 지켜봐야 하기 때문이다.

대학에 가야겠다고 본인이 원해서 치르는 입시라지만, 이를 악물고 산을 오르는 아이를 도울 수 있는 일이 거의 없다. 내가 할 수 있는 일이라곤 밥을 해주고, 장비 챙겨주듯이 교재 사주고 학원비 내주는 게 전부다. 그렇게 해서 목표한 정상에 무사히 올라가면 다행이다. 도중에 무릎이 까지고 발을 헛디뎌 굴러떨어지며 좌절하기도 한다. 입시로 고통스러운 아이에게 해줄 수 있는 거라곤 몇 마디 격려의 말뿐이라는 무력감이 부모에게도 고통이다.

 아이 인생에 개입하면 부모 마음이 편안해질까. 한번은 부모의 태도와 청소년 공부의 관계를 다룬 다큐멘터리를 본 적이 있다. 한 아빠가 인상적이었다. 고등학생 아들에게 방문을 열어놓고 공부하게 하고, 아빠는 문 앞을 지키고 앉아 있었다. 보면서 뜨악했는데 마치 초등학교 저학년 자녀를 지도하는 듯 보였다.
 시험이 끝나고 결과가 나오면 아들을 앉혀놓고 왜 이런 결과가 나왔는지, 무엇이 부족한지, 점수를 올리려면 어떻게 해야 할지 꼬치꼬치 캐물었다. 밥 먹는 자리에서도 공부, 대화하자면서도 공부 이야기만 했다. 아들은 순종적인 성향인지, 공부를 엄격하게 관리하는 아버지에게 한마디 대꾸도 하지 않았다.
 속마음 인터뷰에서 아들이 자기 심정을 솔직히 말했다. 가끔 숨이 막히거나, 공부하다가 창밖으로 뛰어내리고 싶을 때가 있다고 했다. 아들의 인터뷰를 본 아빠는 말없이 눈물만 흘렸다. 아들이 자신보다 잘살았으면 하는 마음에서 그랬다는 아빠의 말에 공감되면서도 한편으로는 안타까웠다.

관람석에 앉아 있는 김연아 선수의 엄마를 보며 생각했다. 사춘기 자녀를 키우는 부모의 자리가 딱 저 자리, 관람석이어야 하지 않을까. 자녀가 사춘기가 되면 감독과 코치 역할은 선생님께 맡긴다. 엄마는 자녀의 건강을 챙기고 멘탈이 무너지지 않게 옆에서 격려하는 역할이면 된다. 시험장에 들어가고 인생이라는 무대에 서는 건 결국 아이 자신이다.

나는 할 수 있는 한 아이들 인생에 개입하지 않는 연습을 했다. 아이들은 숙제를 깜빡하기도 하고 내가 보기에 성에 차지 않기도 했다. 그래도 그냥 뒀다. 능력 안에서 최선을 다했음을 알기 때문에 거기에 대고 뭐라고 할 수 없었다. 아직 어린아이들의 수준이 거기까지였을 뿐이지, 잘해보려는 의지 자체가 없지는 않았기 때문이다. 결과가 신통치 않게 보이는 것은 어른의 기준이었다. 숙제하려는 의지만 내재해 있다면 그걸로 됐다.

내가 생각하는 성공한 사람은 자기 삶을 소중히 가꿔가는 사람이다. 내 삶을 사랑하는 사람은 잠깐 실수하고 실패해서 좌절하더라도 마음을 추슬러 스스로 일어설 수 있다. 아이들이 지금 하는 실수와 실패에서 구린내가 나더라도 아이 삶에는 자양분이 될 거라고 믿는다.

　오늘 아침, 식탁에서 멍때린 채로 입에 밥을 밀어 넣는 아들을 보고 있자니, 어릴 때 울음을 삼키며 꾸역꾸역 종이접기를 하던 뒤통수가 떠올랐다. 아들이 유치원 다닐 때 종이접기에 한창 빠졌던 적이 있다. 실컷 하라고 색종이를 상자째로 사줬는데 하루 만에 한 상자를 다 접어 치웠다. 과일, 동물, 공룡, 각종 팽이 등 초급부터 상급까지 모든 종이접기 책을 섭렵하더니 어디서 영상을 찾아서는 최상급자 코스까지 넘보기도 했다.

　어느 날은 해골 손가락뼈를 접는데 잘 안되는지 웬만하면 도와달라는 말을 안 하던 녀석이 나한테 접어달라고 했다. 영상을 보니 혀를 내두를 정도의 난이도였다. 눈속임으로 대충 비슷한 모양새로 접어주니 아들은 그게 아니라면서 성에 차지 않아 닭똥 같은 눈물을 뚝뚝 흘리며 저녁밥도 안 먹고 꾸역꾸역 접었다.

　애들이 뭔가에 집중할 때는 방해하지 않는 것이 나의 모토라서 그렇게 두고 혼자서 밥을 먹으며 뒷모습을 물끄러미 쳐다봤다. '저러다 오늘 잠도 안 잘 수 있겠는데…' 걱정스러웠다. 조금 있다 아들이 "됐다!" 하며 탄성을 지르더니 접은 것을 내밀었다. 놀랍게도 다섯 손가락 관절이 모두 살아있는 손가락뼈였다. 그제야 배가 고픈지 아들은 뿌듯한 마음으로 저녁밥을 먹었다.

그전에도 그 후로도 그런 끈기를 보여준 적이 없었다. 그런데 요즘 자기 인생에서 작지 않은 일을 앞둔 아이 모습을 보면 마라톤에서 결승점을 코앞에 두고 숨이 턱 끝까지 차오른 러너를 보는 느낌이다. 대입으로 인생이 끝나는 것도 아니니 결승점이라고 말하는 것도 우습지만, 12년 학창 시절 대장정의 마무리라는 생각을 하면 긴 마라톤을 한 느낌이다. 결승점을 통과하자마자 다른 인생이 펼쳐지는 시작점에 닿아있는 것이니만큼 나름 중요한 관문을 통과하는 포인트인 건 분명하다.

내 자리는 아무것도 도와줄 수 없는 응원석이다. 손가락뼈를 접어달라고 도움을 청했을 때 내가 해결해주지 못한 것처럼, 지금도 내가 도와줄 수 있는 건 없다. 아이가 닭똥 같은 눈물을 마음으로 뚝뚝 흘리며 깔딱 고개를 넘어가는 모습을 지켜보는 중이다. 내가 할 수 있는 거라곤 조심스러운 응원과 격려다. 너무 지나쳐도 아이에겐 부담스럽고 너무 냉정해도 외로울 테니 적정선을 가늠한다.

수험생 엄마가 처음도 아니고 세 번째지만 긴장되고 불안한 마음은 여전하다. 시시콜콜히 궁금할 때도 있고 조바심이 날 때도 있다. 하지만 아이의 코앞에서 현미경을 들이대기보다는 멀리서 망원경으로 지켜보기로 했다. 아이 앞에서만큼은 태연하고 통 큰 척이라도 하려고 한다. 입시의 끝에서 결승선을 무사히 통과한 것을 축하하는 마음으로 등 두드리며 "수고했어." 한마디만 준비해뒀다.

아이는 부모의 뒷모습에 스며들며 자란다

아이들의 눈은 예리하다. 6학년을 담임할 때 하루는 수업이 다 끝나고 자투리 시간이 생겨서 장기자랑을 시켰다. 반 아이들은 한 아이를 지목하며 얼른 나와서 해보라고 난리였다. 친구들 사이에서 재간둥이였던 아이는 못 이기는 척 나오더니 담임인 나의 흉내를 내겠다고 했다. 아이들 반응이 폭발적인 것으로 미루어 보아 평소에도 내 눈을 피해 자기들끼리 많이 했던 모양이었다.

나란 사람은 어떤 특징도 없는 평범한 사람이라고만 생각했기에 어디 보자 하는 심정으로 지켜봤다. 아이는 평소 내가 수업할 때 장면을 흉내 냈다. 내가 평소에 하는 말의 톤, 억양, 표정과 몸짓까지 똑같았다. 나와 아이들은 배꼽을 잡고 웃었고, 나도 몰랐던 내 버릇을 알았다.

교실에서 아이들 앞에 설 때는 아이들 눈을 의식하게 된다. 아이들의 감각은 매우 민감해서 내가 놓치는 부분까지 귀신같이 알아채기 때문이다. 칠판에 쓰는 글씨, 내가 자주 쓰는 말투, 사고방식까지 무서우리만치 그대로 흡수한다. 학년말이 되면 소름 끼치게 나를 닮아있는 반 아이들을 매년 보면서 놀라곤 했다. 그래서 말 한마디 행동거지 하나도 조심하게 된다.

  반 애들 앞에서는 교사로 살다가 집에서는 다듬어지지 않은 원래의 모습이 된다. 양의 탈을 벗고 늑대로 변신하는 정도는 아니어도, 급하면 무단횡단을 하거나 욕이 튀어나올 때도 있다. 집의 아이들이 어릴 때 한동안은 엄마가 교사라고 하면 믿지 않았다. 유치원에서 만난 선생님은 천사던데, 엄마를 보면 그렇지 않았으니 혼란스러웠을지 모르겠다. 엄마가 교사라고 해도 집에서까지 세상 반듯하고 나긋나긋하게 살 수는 없다. 그럼에도 내 아이들을 의식하지 않을 수는 없다. 은연중에 내뱉는 말과 행동이 반 아이들만큼이나 집의 아이들에게도 영향을 준다는 것을 잘 알기 때문이다.

  요즘은 학교에 준비물을 챙겨 갈 일이 거의 없다. 기본 준비물 외의 모든 준비물은 대부분 학교에서 나눠주기 때문이다. 내가 어릴 때는 일주일에 한 번 있는 미술 시간 준비물을 챙겨 가려면 엄마한테 준비물 살 돈을 받아내는 관문부터 통과해야 했다. 엄마가 이해할 수 있도록 준비물의 필요성을 설명하고, 받아낸 돈으로 문방구에 가서 신중히 구매했다. 다음 날 책가방에 넣어가거나 특별히 많은 날은 따로 보조 가방에 챙겨 갔다. 등굣길에 비라도 오면 도화지가 젖어서 못 쓰게 되는 바람에 울상이 되는 날도 있었다.

집의 아이들이 초등학교 때는 학교에서 나눠주는 학습준비물이 완전히 정착되기 전이라서 가끔 챙겨 가야 할 준비물이 있었다. 그럴 때면 준비물 못 챙겨온 친구가 있으면 나눠 주라는 당부와 함께 여분으로 넉넉히 챙겨 보냈다. 안 챙겨온 아이가 아무도 없었다면서 되가져오는 날도 있었고, 친구에게 나눠줬다며 신나게 무용담을 늘어놓는 날도 있었다.

내가 학교에서 수업할 때 준비물을 못 챙겨와서 난감해하는 아이들을 많이 봤다. 급한 대로 나에게 있으면 나눠주기도 했지만, 그마저도 없을 때는 아이들에게 요청해서 해결하기도 했다. 서로 나눠주겠다고 다투는 아이들이 얼마나 예쁘던지. 밥 먹고 식사비 계산하려는데 서로 내겠다고 실랑이를 벌이는 어른들의 아름다운 다툼과도 비슷했다.

　나는 집의 애들도 그랬으면 하고 바랐다. 형편이 좋아서도 아
니었고 내가 그렇게 자라서도 아니었다. 내가 어릴 때는 내 준
비물이나 챙겨 가면 다행일 정도로 빠듯한 형편이었다. 그때는
준비물을 깜빡한 게 아니라 정말 형편이 여의찮아서 못 챙겨오
는 아이들이 많았다. 지금처럼 학교에서 통 크게 나눠주던 때가
아니었다. 선생님께 종이 몇 장 얻으면 다행이었다. 그럴 때 조
금 여유 있게 가져온 친구가 나눠주겠다는 모습이 얼마나 부럽
던지. 나도 저렇게 나눠줄 수 있는 사람이 되고 싶었다. 내 아이
들은 그렇게 키우고 싶었다. 그래서 그런지는 몰라도 두 아이는
친구들한테 인심이 야박하지는 않다. 떡볶이를 사 먹어도 용돈
이 넉넉하면 친구 몫까지 사주기도 하고 용돈이 부족하다면 얻
어먹기도 하면서.

　얼마 전에는 지구 반대편에서 소식이 날아왔다. 아프리카 대
륙에 아들과 동갑인 '안또니오 안헬리꼬'라는 양아들이 있다.
양아들이라고는 해도 나만 그렇게 생각할 뿐이고 매월 후원금
조금 보내주고 가끔 사진으로 커가는 모습만 확인하는 게 전부
다. 그 아이는 누군가 후원금을 보내준다고만 알고 있을 거다.

아이들이 어릴 때 해외아동과 일대일 후원을 시작했다. 후원금은 내가 냈지만, 후원자는 아이들 이름이었다. 후원단체에 그렇게 해달라고 요청한 건 아니었는데 딸, 아들과 같은 성별에 비슷한 나이 또래로 연결해주었다. 맨 처음 후원을 시작했을 때, 동갑내기 친구의 사진을 확인하고는 아이들도 신기한지 한참을 들여다보곤 했다. 잊고 살다 보면 가끔 잘 자라고 있다는 편지와 함께 사진을 보내왔다. 볼 때마다 전에 비해 한 뼘씩 커진 친구의 모습에 아이들도 놀라워했다. 그렇게 먼 나라에 사는 형제처럼, 자매처럼 함께 성장했다.

처음 후원 시작하던 여섯 살 무렵

만 18세 안또니오 안헬리꼬

딸 이름으로 후원하던 아이는 몽골의 여자아이였는데 딸과 비슷한 나이여서 몇 년 전에 후원이 끝났다. 아들 이름으로 후원하던 안또니오가 이번에 만 18세가 되면서 '스스로 살아갈 수 있게 됐어요'라며 소식을 알려왔다. 아들도 올해, 만 18세가 돼서 주민등록증을 발급받았다. 안또니오도 이제는 후원받지 않아도 될 만큼 자랐다는 말을 들으니 반갑고 대견하면서 두 아들이 다 컸구나 싶어서 괜히 울컥했다.

마지막으로 전하는 소식이라며 보내온 사진에는 한눈에 봐도 새 옷을 장만해서 빼입은 아이가 의자에 앉아 있었다. 사진을 찍으려고 일부러 책을 읽는 시늉을 했을 아이가 상상이 돼서 웃음이 나왔다. 경찰이 되고 싶다는 안또니오의 말에 다시 한번 웃음이 번진다. 편지가 올 때마다 바뀌는 꿈이라니, 아이답게 얼마나 귀여운지.

친아들에게 이 소식을 알려주니 심드렁하다. 어릴 때는 편지고 사진이고 도착하면 한참을 들여다보더니, 지금은 스트레스 가득한 고3이니 이해해주기로 한다.

여분의 준비물을 더 챙겨준다거나 해외아동 후원은 내가 주도적으로 했던, 순전히 나의 의지였다. 아이들에게 전염되기를 바라는 나의 의도와 전략이 다분히 들어가 있었다. 내가 소중한 만큼 남도 소중하고, 내가 가진 것을 나누고 베푸는 삶이 세상을 풍요롭게 한다는 것을 느끼게 해주고 싶었다. 그런데 이런 내용을 구구절절이 말로 설명하면 도덕수업과 다를 바가 없다. 그래서 내가 그렇게 살려고 노력했고 일부러라도 그런 모습을 보여주려고 했다.

어깨너머로 배우는 힘을 믿는다. 나는 부모님의 성실하신 뒷모습을 보며 자랐다. 백번의 말씀보다도 진한 가르침이었고 그 모습은 고스란히 나에게 스며들어 내 삶에 영향을 미쳤다. 단지 몇 번의 보여주기식 이벤트가 아니라 아이들에게 비슷한 경험이 여러 번 반복된다면 자연스레 아이들 삶에도 스며들 거라고 믿었다. 아이들에게는 부모가 가장 생생한 실물 자료이며 어떤 교과서보다 가장 직접적인 교육자료이니까.

그래서 아이들이 나누고 베푸는 사람으로 자랐느냐고 묻는다면 아직은 잘 모르겠다. 다들 자기 살길 찾느라 바쁠 때라서 옆의 누구에게 베풀고 사는지 어떤지는 모르겠다. 그래도 어디 마음 한구석에 씨앗처럼 심겨 있기를 바란다. 잔잔한 파도가 여러번 드나들면 단단한 바위를 깎아내듯이 내 마음도 아이들에게 파도처럼 가 닿기만을 바랄 뿐이다. 따스한 햇볕을 만나면 마음의 씨앗이 싹 트는 날이 오기를 바라면서.

"무슨 훌륭한 사람이야. 그냥 아무나 돼."
어디에서 무엇으로든, 존재하기만 한다면

미국 대통령이 백악관 연설에서 한국이 발전한 이유가 부모들의 열띤 교육열 때문이라고 말해서 화제가 된 적이 있다. 한국의 교육열을 칭찬했다며 언론에서 한동안 떠들썩했다. 어떤 면으로는 미국의 경쟁력 강화에 교육의 필요성을 언급하기 위해 우리나라 교육을 거론한 듯 보이기도 했다. 여하튼 미국 대통령이 연설에서 예를 들 정도로 K 부모의 교육열은 세계적으로 유명하다.

우리나라는 땅이 넓지도 않고 자원이 많지도 않으니 인적 자원이 가장 중요하다는 근거를 들며 교육이 중요하다고 한다. 틀린 말은 아니다. 우리나라가 지금까지 고도의 경제발전을 단기간에 이뤄낸 것도 교육에 집중적으로 투자해서 인재를 길러 냈기 때문이라는 점에 동의한다. 전쟁 이후 문맹률이 높았던 과거에는 어떻게든 문맹률을 낮추는 것이 급선무였고 남들보다 가방끈이 조금이라도 길면 취업이 무난히 잘 됐다.

그러나 시대가 변했다. 대학 졸업장만으로 취업하던 시대는 지났다며, 졸업장은 취업을 보장하는 티켓이 아니라고 하니, 더욱 혼란스러워졌다. 번듯한 회사에 취업하려면 누구나 이름을 들어본 대학 졸업장에 더해 여러 가지 화려한 스펙으로 능력을 입증해야 한다. 사회는 대학 졸업이 기본이자 필수적인 사양이고 그 이상을 해야 한다고 요구하는 듯하다. 공부 압박, 취업 압박은 그 끝이 어딘지 알 수 없다. 점점 더 살기 어렵고 팍팍해 보인다.

부모가 자녀에게 공부해야 할 이유를 이렇게 설명한다는 말을 들었다. "공부 안 하면 어떻게 되는지 알아? 길거리에서 붕어빵 파는 거야. 너 나중에 붕어빵 장사하고 싶어? 그렇게 안되려면 공부해야 해, 공부."라면서. 그런데 이렇게 말한 부모도 겨울이 되면 맛있는 붕어빵을 사 먹는다. 세상에는 붕어빵 장사도 있어야 하고 청소부도 있어야 한다고 생각하지만, 내 자식만은 그런 일을 하지 않았으면 하고 바란다.

자본주의 사회에서 돈을 벌지 못하는 인간은 무능력한 인간으로 취급된다. 어른들은 세상을 살아온 경험이 있기에 자녀에게 편한 길을 알려주고 싶다. 돈을 벌려면 취업을 해야 하고 취업이 잘되려면 인정받을만한 대학을 나오거나, 그렇지 않으면 특별한 능력을 증명해야 한다고 생각한다. 어른의 앞선 걱정과 염려로 아이는 일찍부터 공부 압박을 받는다. 학교에 들어가기 전까지는 건강이 첫 번째지만 학교에 들어가고부터는 공부의 중요성이 부각된다. 물론, 아이의 장래에 대한 기대나 염려는 동서양을 막론하고 세상 모든 부모의 마음이다.

어떤 부모는 그런다. 공부를 잘하면 인생에 더 많은 선택지가 있다고. 공부를 못하면 스스로 선택지를 좁히는 거라고. 왜 공부를 안 해서 스스로 선택지를 포기하느냐고. 공부를 잘해서 탄탄대로 인생을 살아온 부모 눈에는 그렇게 보일 수 있다. 하지만 그조차 부모 강요로 될 일도 아니고 강요할 일도 아니다. 아이 자신의 결정에 맡겨야 한다.

공부도 대학도 선택지다. 대학은 의무교육이 아니다. 인생 전체에서 많은 선택지 중의 하나다. 자녀가 예체능에 흥미를 느끼지 않으면 그러려니 생각하지, 긴 시간을 들여 노력해서 예체능을 더 잘해야 한다고 강요하지 않는다. 공부도 그래야 한다. 할 수 있는 만큼 하고, 하고 싶은 만큼 하면 된다.

한번은 가족이 다 같이 식당에 갔는데 서빙하고 있는 아들 친구를 만났다. 한창 공부하고 있어야 할 수험생이 왜 여기서 서

빙을 할까 궁금했다. 아들 말로는 그 친구는 요리사가 되고 싶다고 했다. 대학에 가지 않기로 했고 자기 꿈을 위해 아르바이트를 하며 돈을 모으고 있다고 했다. 대학을 왜 가야 하는지도 모른 채, 다들 가니까 가야 하나보다 했던 어린 날의 나에 비하면 얼마나 야무지고 대견하던지.

사람이 가진 능력은 저마다 다르다. 공부는 못해도 특유의 친화력이나 영업력이 뛰어난 사람이 있다. 학교에서는 그런 아이들이 자기 재능을 발휘할 기회가 없다. 사교성이 좋아서 친구들이 많거나 오락 시간에 장기자랑을 도맡아 하는 정도랄까. 학교는 여전히 학업 성취가 뛰어나고 규칙이나 규율에 순응하며 모범적인 성향의 아이들이 주목받는 곳이기 때문이다. 사람의 쓸모는 공부에서만 발휘되는 게 아니기에 넓은 스펙트럼으로 아이를 바라봐야 한다. 훌륭한 사람이 되라거나, 최고가 되어야 한다는 강박을 부모부터 내려놔야 한다. 혹은 부모 자신이 먼저 모범을 보여서 아이가 감화받아 따라 하게 하는 편이 나을지도 모른다.

만약에 내 아이들이 대학에 가지 않는 길을 선택했어도 지금과 똑같은 마음으로 응원했을 테다. 내 자식을 포함한 모든 아이가 인생을 재미있게 살기를 바란다. 쾌락을 말하는 것이 아니다. 사는 게 참 재미있다고 느꼈으면 좋겠다. 남들의 시선이나 평가를 기준으로 살지 않았으면 한다. 내가 재미있는 일, 내가 좋아하는 일을 하고 살기를 바란다. 다른 사람에게 피해를 주지 않는 일이라면 뭐든지 환영한다.

이렇게 말하면 아무리 좋아하는 일을 하고 살아도 돈을 못 벌면 무슨 소용이냐고 말할지도 모른다. 딸과 이 주제로 대화를 나눈 적이 있다. 나는 물었다.

"두 가지 일 중에 선택을 해야 한다면 어느 쪽을 선택할래? 한쪽은 네가 별로 하고 싶은 일은 아니지만 안정적인 지위와 월급이 보장돼. 다른 쪽은 네가 좋아하는 일이지만 미래가 어떨지 보장할 수는 없어."

딸은 골똘히 생각하더니 말했다.

"내가 하고 싶지 않은 일을 하면 나중에는 결국 그만두고 내가 하고 싶은 일 쪽으로 갈 것 같아. 그러느니 처음에 내가 좋아하는 일을 선택하고 열심히 노력해서 먹고 살 만큼 벌면 되지 않을까."

나는 '네가 아직 세상 물정을 한참 모르는구나'라고 말하지 않았다. 나중에 시간이 지나면 딸은 지금의 마음과 달라질 수도 있지만 그 또한 딸의 마음이다. 지금 이 순간 아이의 선택을 지지해줄 뿐이다.

어느 프로그램에서 MC가 길에서 만난 아이에게 말했다. "커서 훌륭한 사람 돼야지!" 그러자 옆에 있던 연예인이 "무슨 훌륭한 사람이야. 그냥 아무나 돼."라고 하는 게 아닌가. 그 말은 신선했고 후련했다.

어릴 때부터 '커서 훌륭한 사람이 돼라'라는 말을 많이도 들어왔다. 어른들이 시키는 대로 따르고 공부를 잘하면 저절로 훌륭한 사람이 되는 줄로만 알았다. 그런데 어떤 사람이 훌륭한 사람일까. 누구에게 물어본 적 없고 구체적으로 알려준 어른도 없었다. 일단 공부를 잘하면 뭐든 될 거라고 했다.

그의 아무나 되라는 말은 아무렇게나 살라는 말이 아니라, 훌륭한 사람이 돼야 한다는 강박에 얽매이지 말고 네가 하고 싶은 것을 하라는 말이었다. 아이의 꿈을 한계짓지 않는 말이다. 그 말을 들은 아이는 아무렇게나 살지 못한다. 진정 자신이 원하는 것이 무엇인지 고민하며 찾아 나선다. 그래서 그 말은 훌륭한 사람이 되라는 말보다 더욱 크게 동기부여가 되는 말이다.

난 가끔 그런 생각을 한다. 내 자식이 건강하게 학교에 다니고 있다는 사실만으로도 얼마나 감사한 일인지. 지저분한 방에 나뒹굴고 성적표를 안 가져오고 공부를 못해도 제시간에 수업받고 집으로 돌아오기만 해도 얼마나 감사한 일인가 하고 말이다. 사람들이 말하는 훌륭한 사람의 기준이 뭔지는 잘 모르겠지만,

반드시 훌륭한 사람이라야 존재 가치가 뛰어난 것일까. 나는 그렇게 생각하지 않는다. 존재의 가치는 모든 문제를 뛰어넘는다.

우리 집 강아지 '라떼'야말로 쓸모로 따지면 세상 쓸모없는 존재다. 이 녀석이 하는 일이라곤 조식과 석식을 받아먹고, 식후 산책을 하고, 타이밍 맞춰 똥오줌을 싸고, 하루 열네 시간 이상 잠을 자는 것이다. 그중에 스스로 하는 건 배변과 숙면뿐이다. 시집살이가 따로 없다. 약속이 있어서 나갔다가도, 라떼 식사 시간이 다가오면 엉덩이가 들썩거린다. 산책도 그렇다. 내가 산책하려고 나가는 건지 라떼를 모시고 나가는 건지 가끔 헷갈린다. 심심할 틈이 없게 일거리를 만들어준다. 청소기를 들고 쫓아다녀도 돌아서면 털 뭉치가 굴러다니고 배변 판에 싸놓은 똥오줌이 선물이다.

이렇게만 본다면 개를 키울 이유가 없다. 아무짝에도 쓸모없고 피곤하게 만드는 녀석이다. 하지만 가족들이 집에 왔을 때 누구도 라떼만큼 반겨주지는 못한다. 어느 누구도 가족이 외출에서 돌아왔다고 현관까지 뛰어나가 엉덩이춤을 추지는 않으니까 말이다. 라떼와 눈 맞춤을 하거나 따뜻하고 보드라운 털을 만지기만 해도 마음이 편안해진다. 일상의 스트레스를 날리는 기쁨을 안겨주는 존재가 집안에 돌아다닌다는 건 축복이다.

길에 핀 들꽃 한 포기, 나무 한 그루, 하다못해 벌레 하나도 그냥 존재하지 않는다. 우리 눈에야 기껏해야 식물이고 벌레로 보이지만, 그 생물이 존재하지 않는다면 인간도 존재할 수 없다는 것쯤은 굳이 생물학을 거론하지 않더라도 알고 있다. 그들이 인간을 위해서 필요한 존재라는 말이 아니다. 그들은 모두 존재 자체로 소중하다.

 아이들도 그래야 한다. 쓸모를 위해 존재하지 않으며 쓸모를 증명해야 잘 사는 것도 아니다. 공부 잘하고 능력이 뛰어나야 존재 가치가 있는 것이 아니며, 좋은 대학을 나와서 안정적인 직업을 가지고 살아야 의미 있는 삶도 아니다. 남들이 말하는 기준이 아닌 너만의 기준으로 존재한다면 어디에서 무엇으로 존재하든 가치롭다.

'나다움'을 찾기 위한 찌질과 방황을 허용한다

구독자 수가 얼마 되지 않던 초기부터 관심 있게 봐 온 유튜버가 있다. 연필로 쓱쓱 그리는 그림에 차분한 목소리만 얹어서 자신의 이야기를 들려준다. 특별한 재미 요소가 있지도 않은데 멍하니 보면서 이야기를 듣고 있으면 힐링이 된다. 그림 실력도 수준급이지만 어린 나이답지 않게 인생에 대한 통찰력이 깊어서 내 인생에도 대입해서 참고한다. 가끔 머리가 복잡할 때 찾게 되는, 나만 아는 유튜버라고만 여겼다. 그런데 얼마 전, 전자책을 둘러보다가 그 유튜버가 쓴 책을 발견했다. 이렇게 성장하다니, 반갑고도 대견했다. 엄마 미소가 절로 나왔다.

궁금한 마음에 내 서재에 담았다. 만화와 에세이가 섞여 있는 책이라서 가볍게 하루 만에 읽었다. 책을 통해 저자는 20대에 6년 동안 다니던 직장에서 자의로 퇴사한 후, (저자 본인 말로) 찌질하게 침잠하던 방황기를 말하고 있었다. 담담하게 풀어내는 지난 이야기를 읽다 보니, 이제는 힘든 터널을 모두 빠져나온 듯 보였다. 자신과 비슷한 방황을 하고 있을 누군가를 위해 책을 썼다고 하는데, 나도 위로를 받았다.

그는 바로 현재 33세의 이연 씨다. 본인이 운영하는 스튜디오 대표에 90만 구독자를 가진 유튜버로 자신만의 인생을 살아가는 법을 여러 사람과 나누고 있다. 본인은 20대의 방황을 찌질하다고 했지만 내 눈에는 한 단계 더 성장하기 위한 과정으로 보였다.

나는 20대 초반, 교육대학교 학생으로 교사라는 길이 정해져 있음에도 불구하고 인생의 방향을 잡지 못하고 있었다. 선택의 여지 없이 형편에 맞춰 결정한 대학이었기에 다니는 내내 마음에 들지 않았다. 무엇을 하고 싶은지도 모른 채 다른 길을 모색하고 있었다.

교사인 내가 이렇게 말하는 게 아이러니하지만, 나에게 학교란 몸도 마음도 편치 않은 곳이다. 처음부터 그렇지는 않았다. 초등학교에 입학해서 처음 만난 선생님은 '김선녀' 선생님이셨다. 이름처럼 매일 선녀같이 예쁜 옷을 입고, 선녀처럼 착한 분이셨다. 단박에 마음을 뺏겨서 나는 커서 선생님이 되겠다고 떠들고 다녔다.

어린아이 눈에 선생님은 선망의 대상이었고 범접하기 어려운 특별한 존재였다. 그러다가 6학년 즈음부터였을까. 내가 당하지는 않았지만 선생님의 감정이 다분히 실린 모호한 체벌 기준과 기분에 따라 달라지는 강도가 불합리하게만 느껴졌다. 선생님이 내 생각처럼 훌륭하지 않다는 실망과 함께 일그러진 영웅으로 다가왔다. 그때부터 학교나 교사에 대한 환상이 깨지기 시작했다. 사춘기란 이상과 현실 사이의 균열을 깨닫는 시기라고 하는데, 그때가 내 사춘기의 시작점이었던 것 같다.

　근거는 설명해주지 않은 채 당위만 있는 학교의 규율과 규칙이 불편해졌다. 불편함과 반항심이 속에 가득했지만, 겉으로는 규칙을 아주 잘 지키는 모범생으로 살았다. 아직 뚜렷한 확신도 없고 맞서고 거역할 용기는 부족해서 몸은 늘 최면에 걸린 듯 규율을 따르곤 했다. 《데미안》의 싱클레어처럼 나도 불안정한 사춘기를 겪고 있었다.

　학교는 나에게 그런 곳이었다. 사고가 경직되니 몸과 마음도 편치 않았다. 그런데 대학에 들어가서 정신을 차리고 보니, 그렇게 불편했던 학교가 평생직장이 될 판이었다. 혼자서 조용히 도망갈 구멍을 찾기 시작했다. 학교 말고도 생계가 해결될 수 있는 다른 일이 있다면 빠져나갈 명분이 있을 테지만, 졸업할 때까지 뾰족한 수가 생길 리 만무했고 시간이 가서 어영부

영 교사가 됐다.

교사가 되고 보니 아이들은 예뻤고 가르치는 일은 재미있었다. 하지만 교사란 가르치는 일만 하는 사람이 아니었다. 학교의 관료적인 문화는 항상 내 안의 딜레마였다. 내 마음과는 정확히 반대 방향이었다. 하지만 내 속을 모르는 누군가가 나를 봤다면 교사라는 직업이 참 잘 어울리는 사람이라고 판단했을 수 있다. 나는 마음이 내키지 않아도 처한 상황이 어쩔 수 없다는 판단이 들면 그릇에 맞춰 내 모양을 바꾸는 액체 같은 사람이었다. 고체같이 단단한 사람이라면 그릇이 내 모양에 맞지 않는다며 박차고 나갔을 테지만 그럴만한 용기도 없었거니와 내 모양을 맞추는 쪽을 택했다.

결국 나는 나의 결에 맞지 않는 직장 문화에 25년 넘게 몸을 담그고 살아오다가 얼마 전에 조금 이른 퇴직을 했다. 안정이라는 굴레를 벗어나기란 결코 쉽지 않았고 주위 사람들은 제2의 인생 시작을 축하한다고도 했지만, 나는 길고 무력했던 방황을 이제야 끝낸 기분이다.

큰아이는 대학교 3학년을 앞두고 휴학을 하고 싶다고 했다. 재수를 결정할 때 긴 인생에서 일 년은 큰 문제가 아니라고 여겼었다. 형편이 가능해서 재수를 지원했고, 그렇게 대학에 갔다.

그런데 또 일 년을 쉬고 싶다고 말하는 아이를 처음에는 이해하기 힘들었다. 평소에 다니는 학교를 성에 차지 않아 했는데 혹시 다른 생각이 있는 건 아닌가 싶기도 했다. 그런데 곰곰이 생각해보니 큰애는 조금 느린 아이다. 행동이 굼뜬 게 아니라 천천히 가는 속도가 맞는 아이다. 어릴 때도 그랬다. 수학 개념 하나 이해하는데도 다른 아이들보다 시간이 더 걸렸다.

대개 초등이나 중고등에서는 제 학년 학습을 따라가지 못해도 정해진 시간이 되면 다음 학년으로 가차 없이 올라간다. 어떤 때는 그 타이밍이 맞지 않는 아이들을 많이 본다. 그런데 신기한 건 그랬던 아이를 시간이 오래 지나 다시 만나면 언제 그랬냐는 듯 제 나이에 맞게 잘살고 있다. 그러니 지금 잠깐 늦다고 조급해하거나 서두를 필요가 없다. 누구에게나 똑같은 타임라인이 적용되지는 않는다. 빨리 가고 싶고 빠른 속도가 잘 맞는 사람도 있지만, 다지고 다지며 천천히 가는 속도가 맞는 사람도 많다.

휴학을 한다는 말을 처음 들었을 때 당장의 휴학이 걱정스럽다기보다는 일 년 후에 학교로 돌아가지 않겠다고 하면 어쩌나 싶었다. 그런데 역시 이번에도 기우였다. 아이는 일 년을 쉬더니 풀 충전이 됐는지, 복학해서는 이전보다 훨씬 더 의욕적으로 학교생활을 하고 있다. 아이의 전 생애를 옆에서 지켜본 바로, 딸의 열정과 에너지는 현재 꾸준히 우상향하며 상한가를 경신 중이다.

재수나 휴학을 하는 동안 아이가 그런 말을 한 적은 없지만, 스스로 낙오자라고 느껴 의기소침했을지도 모른다. 하지만 내가 지켜본 바로는 그 모두가 아이에게는 필요한 시간이었다. 재수의 결과가 좋았기 때문이라거나 복학 후에 더 열심히 살고 있기 때문이 아니다. 재수하면서 아이는 지난 사춘기를 통틀어 가장 비약적으로 성장했다. 자신이 여태껏 누려온 안정적인 생활이 얼마나 감사한지 알게 됐다. 자신을 내려놓을 줄도 알게 되었고 그로 인한 결과인지 모르겠지만 한 단계 도약할 수 있었다. 고립된 장소에서 보낸 어두운 터널 같았던 시간은 아이를 한층 더 깊고 넓게 성숙시켰다.

휴학을 한 아이는 아르바이트하며 모아두었던 돈으로 일본과 호주에 여행을 다녀왔고 나와 함께 유럽에 다녀오기도 했다. 나와 함께 여행할 때는 경비를 스스로 부담하겠다고 아이가 먼저 제안했다. 어린아이도 아니고 여행경비까지 내가 모두 책임져야 할 때는 지났다고 여겨서, 비행기와 숙박은 내가 부담하고 그외 경비는 본인이 부담했다. 내가 모두 해줄 수도 있었지만 내 돈으로 하는 경험이란 질적 차이가 크다는 걸 알기 때문에 반대하지 않았다. 아이는 여행도 좋았지만 스스로 모은 돈으로 여행 경비를 부담했다는 사실을 뿌듯해했다.

일본의 유명 건축가 안도 다다오는 외할머니 손에서 자랐다. 건축가의 꿈을 안고 독학을 하던 그는 스물일곱 살 때 유럽 여행을 다녀오겠다고 외할머니에게 말한다. 그 말을 들은 외할머니는 "돈은 쌓아두는 게 아니다. 제 몸을 위해 잘 써야 가치 있는 것이다."라며 흔쾌히 보내주었다고 한다. 그때가 1969년, 일본에서 해외여행이 자유화된 지 얼마 되지 않은 때였다. 안도 다다오는 몇 달에 걸친 여행을 마치고 나서 호기롭게도 자신의 이름을 내건 건축사무소를 차린 후에 건축가로 명성을 쌓아간다. 안도 다다오는 그때 유럽의 건축물에서 받은 영감으로 건축가로서의 비전과 방향성을 설정하는 데 큰 영향을 주었다고 말한다.

오래전 이야기지만 과거 17~19세기, 유럽의 귀족 자제들 사이에 그랜드 투어가 유행이었다. 배낭여행의 원조라고 불리는 그랜드 투어는 유럽 문화의 근간을 이루는 그리스, 로마 즉 지금의 이탈리아를 중심으로 문물을 체험하는 여행이었다. 고대에서 르네상스에 이르는 고전학을 배경지식으로 공부한 귀족 자제들이 이탈리아 땅에서 고전 음악과 미술을 체험하는 일종의 체험학습이었던 셈이다. 마차를 타고 짧게는 몇 개월에서 몇 년에 걸쳐, 하인들과 개인 교사를 대동한 장기 여정이었다. 목숨을 걸고 떠날 정도로 위험한 여행이었지만 책상에 앉아 책만 들여다보는 공부와는 질적으로 달랐기 때문에 다녀온 후에는 놀라운 발전을 이루기도 했다.

대문호 괴테 역시 젊은 시절 그랜드 투어를 다녀왔던 아버지의 강력한 추천으로 그랜드 투어를 다녀왔다. 괴테는 어린 나이에 변호사가 되었고《젊은 베르테르의 슬픔》이 베스트 셀러가 되며 작가로 이름을 날렸으며 20대 후반에 바이마르 재상이 되어 행정가로도 활약했다. 이른 나이에 많은 것을 이루고 휴식이 필요했던 괴테는 37세에 이탈리아 로마로 그랜드 투어를 떠난다. 약 2년의 투어 후에 고향 독일로 돌아와 변방에 머물던 독일 문학을 고전 문학의 반열에 올리는 역할을 했으며 그 후로도 식물학, 광학, 색채학에 이르기까지 다양한 학문에 대한 도전을 했다. 이처럼 여행이란 내 안에 있던 것을 비우고 새로운 것을 채우는 과정이다.

나 또한 아이들에게 줄곧 본격적인 사회인이 되기 전에 국내외 가리지 말고 최대한 많이 여행을 다녀보라고 강조했다. 나는 지나간 일은 될 수 있으면 후회하지 않으려고 하는 편이지만, 20대에 여행을 많이 다니지 않았던 것은 아쉬움으로 남아있다. 여행하며 먹고 마시고 즐기지 못한 것이 아쉬운 것이 아니라, 어릴 때 체득한 경험은 인생을 살아가는 데 자양분이 돼준다는 것을 뒤늦게 알아서 그렇다. 자녀가 여행을 떠나겠다고 할 때, 걱정스럽고 불안한 마음에 말리는 부모의 마음이 이해가 안 되는 것도 아니지만, 흔쾌히 떠나라고 등 떠밀어주는 통 큰 부모들이 더 많아지기를 바란다. 여행 후에 몇 뼘은 더 성장할 자녀를 생각한다면 불안은 한쪽 구석으로 밀어둬야 하지 않을까.

지난겨울 딸과 오스트리아 빈에 머무는 동안 매일 미술관에 드나들며 유명 화가들의 작품을 한꺼번에 보니 과부하가 와서 어질어질하기도 했다. 둘 다 처음 하는 경험이었지만 오십 줄에 접어든 나와 이십 대를 시작하는 딸에게 다가오는 느낌은 조금 다르지 않을까 싶었다. 딸은 앞으로 더 많은 곳을 가볼 테지만, 지금까지의 여행 경험으로도 다양한 관점과 가치관을 수용하고 존중할 줄 알게 됐다. 여행에서 받은 영감과 긍정적인 에너지는 인생에 선순환을 일으켜 삶의 의욕이 점차 상승하는 듯 보인다. 아이의 세계는 경험에 비례한 만큼 넓어졌다.

우리가 성장하는 과정을 돌아보면 한 번도 쉬지 않고 꾸준히 우상향을 그리지는 않는다. 아무리 노력해도 변화 없는 구간의 끝에서 겨우 조금 발전하거나 상하로 출렁거리는 그래프를 그린다. 인생을 확장하려면 정체기나 침잠기는 반드시 필요하다.

어쩌면 철저히 길을 헤맨 사람에게 인생의 퀀텀 점프가 허락되는지도 모른다. 끝 모를 정도로 깊이 멀리 들어가기도 하고 생각보다 시간이 길어질 수도 있다. 내면을 단단하게 키운 시간이라면 마냥 허비했다고 말할 수는 없지 않을까.

아이가 재수와 휴학을 하면서 지체한 시간이 아깝다거나 허투루 보냈다고 여기지 않는다. 한 번에 대학에 합격하고 휴학을 하지 않았다면 지금쯤 졸업해서 사회인이 돼 있을지도 모른다. 하지만 2년의 세월은 아이의 인생에 무척이나 소중했고 누구나 할 수 있는 경험도 아니었다. 몸을 웅크리고 더 높이 뛰기 위해 에너지를 응축하는 시간이었다. 아이는 그 시간을 지나 어느 때보다도 강한 애착으로 자기 인생을 설계하는 중이다. 그 총체적인 시너지는 강제나 잔소리를 통해 만들어낸 것에 비하면 비교도 안 될 정도로 아이 인생에 강한 파장을 일으킨다는 것을 다시 한번 깨닫는다.

유튜버 이연 씨가 6년간 다니던 직장을 그만두고 보냈던 일 년을 찌질하다고 할 수 있을까. 그는 당시의 자신을 무용한 인간이라고 느꼈는지 찌질한 방황이라고 말했지만, 결코 허송세월이라고 말할 수 없다. 남들에게는 느껴지지 않아도 치열하게 자신을 찾는 과정이었고, 자신의 길을 발견한 시간이었다. 소득이 늘어나는 결과로 이어졌기 때문에 값진 것이 결코 아니다. 진정 그 시간이 값진 이유는 인생의 방향을 찾았기 때문이다. 20대에 그런 시간은 꼭 필요하다.

부모가 살아왔던 시대만 생각하고 과거에 매몰돼, 자녀에게 부모가 바라는 대로 살라고 말하기 힘든 세상이다. 인생은 정답이 없고, 설령 정답과 비슷한 답이 있다고 할지라도 명확하지 않다. 어릴 때 확고하게 '이 길이야' 했지만 살다 보면 '그 길이 아니었구나' 싶을 때도 있다. 삶이란 평생에 걸쳐 나의 길을 찾아가는 여정이 아닌가 싶다.

꼭 휴학을 하거나 여행을 다녀온다고 해서 자신의 길이 명쾌하게 보이는 것도 아니다. 어떤 이는 주어진 삶에 순응하며 잘 살아가고, 어떤 이는 자기 내면의 길을 평생 찾고 끊임없이 개척하며 살아가기도 한다. 어떤 삶이 더 낫다고 단정 지어 말할 수도 없다. 그저 삶이란 복잡하게 얽혀있는 혼돈의 소용돌이를 헤쳐 나가는 길이 아닐까.

큰애는 지금 디자인을 전공하고 있고, 작은애는 고3인데 공과 계열을 지망한다. 지금은 그렇지만 마음이 바뀌어 다른 꿈을 품을 수도 있다. 자신을 찾는 과정은 인생 전반에 걸친 과업이니까. 침잠하거나 방황하지 않고는 그것을 찾을 수 없다. 내 아이들이 오랜 시간 발전 없이 정체한 듯 보일지라도 찌질과 방황의 끝에서 '나다움'을 만날 수만 있다면 얼마든지 허용하며 지켜보련다.

나에게 안부를 묻는다

내가 사는 동네에는 근처에 유치원과 초등학교가 있어서 어린아이들이 많다. 나른한 오후에 베란다 창을 넘어 참새떼 짹짹거리듯 아이들 노는 소리가 들려오는데 그 소리가 그렇게 듣기 좋을 수가 없다. 얼마 전에는 그사이를 비집고 날카로운 목소리가 들려왔다.

"안 된다고 했지. 몇 번을 말해." 엄마 목소리만 들어도 얼마나 참고 참다가 터져 나왔는지 알겠다. 대여섯 살쯤 돼 보이는 아이가 울며불며 엄마 뒤를 쫓아간다. 아이는 엄마 눈치를 보면서도 떼가 섞인 울음을 그치지 않는다. 엄마가 아이를 다그치다 이내 팔목을 잡아끌고 집으로 향한다.

아이도 잘못이 있겠지만 엄마의 말투에는 훈육을 넘어 짜증과 화가 잔뜩 묻어있다. 기억은 과거의 나를 소환한다. 밖에서든 집안에서든 나도 그런 적이 있다. 그래서인지 '훈육을 하더라도 집에 가서 하지, 왜 남들 다 보는 길거리에서 저럴까?' 하는 마음은 들지 않는다. 그보다는 심신이 지쳐 보이는 엄마가 안쓰럽다.

엄마의 뒷모습과 말투에서 육아에 지친 마음이 고스란히 느껴졌다. 그런 엄마 마음을 알 리 없는 아이는 울며불며 엄마 뒤꽁무니를 쫓아가면서 엄마 옷자락을 붙잡는다. 아이도 안타깝고 엄마도 안쓰럽다. 나의 과거를 떠올리며 쓴웃음을 짓는다. 그땐 참 힘들었는데, 양육의 끝에 다다르니 지난 시간이 그리워진다. 다시 돌아간다고 해도 그때와 똑같이 힘들어할 텐데 말이다.

작은애가 유치원에 다닐 때였다. 아이와 엘리베이터를 탔는데 한 중년 아주머니가 우리를 지그시 바라보다가 혼잣말인 듯 "참 좋을 때다."라고 하셨다. 애들이 어릴 때 주말에 가족 나들이를 가면 우리 가족을 물끄러미 바라보는 중년 부부의 눈길도 많이 느꼈다. 내가 중년이 되고 보니 어린아이와 함께 있는 가족을 나도 그런 눈길로 바라보게 된다. 어떤 마음이었을지 이제야 느껴진다. 계절이 지나고 나서야 봄이었던 걸 알 듯 행복한 순간에는 그 행복을 알아채지 못했다.

육아의 터널을 지날 때는 끝이 없어 보였지만 육아에도 분명히 끝은 있다. 그것은 바로 자녀의 독립이다. 그런데 이 과정에는 부모와 자녀의 결심이 필요하다. 출산할 때 탯줄은 누군가 잘라주지만, 양육의 탯줄은 부모와 자녀가 합심해서 끊어야 한다. 그 탯줄을 끊어내지 못하면 어른이 돼서도 부모에게 신세를 지고 사는 캥거루족이 된다고 하지 않나.

  자녀의 나이가 어릴수록 양육에 몸과 마음을 집중해야 하는 것은 맞다. 그때만은 아빠보다는 주 양육자인 엄마의 수고가 더 많이 요구되는 것도 사실이다. 그렇다고 엄마의 인생을 포기하고 살림과 육아에만 올인하는 삶은 권하고 싶지 않다. 달걀을 한 바구니에 담지 말라는 말처럼 엄마의 시간도 여러 곳에 분배해야 한다. 요즘 엄마들은 자신도 잘 챙겨 가면서 현명한 육아를 하는 듯이 보인다. 그럼에도 만약 양육을 하는 후배 엄마들에게 무엇을 권하고 싶냐고 묻는다면 이렇게 말해주고 싶다.

  먼저 정기적으로 혼자만의 시간을 꼭 가지기를 권한다. 살림과 육아에 지쳐 나가떨어지고 나서야 그런 시간의 필요성을 느끼지 말고, 아이를 낳고 몸이 나아지는 대로 작정하고 매월 몇째 주든 매주 언제든 날을 정해야 한다. 믿을만한 누군가에게 아이를 맡기고 온전히 엄마 자신이 진짜 좋아하고 원하는 것을 해야 한다.

  돌아보면 나의 30대가 거의 기억나지 않는다. 더 멀리 있는 10

대, 20대의 기억은 다채롭고 선명한데 말이다. 마치 기억상실증이라도 걸린 듯 30대가 통째로 날아간 기분이다. 물론 아이를 키우면서 간간이 느껴지던 소소하게 기쁜 일상이 분명 있었다. 그런데 학교 수업과 업무, 육아와 살림의 쳇바퀴 같은 일상이어서 그랬는지 이상하게도 뭔가 뚜렷한 기억이 없다. 어제가 오늘 같고 내일도 오늘 같을 게 뻔한 날들로 꽉 차 있었고, 나 자신이 정체돼있었기 때문인 듯하다. 물론 그 자체로도 의미 있는 시간이지만, 나 자신을 잊을 정도로 엄마 역할에 지나치게 몰두하고 살았기 때문이 아닌가 싶다.

비록 나의 30대는 그렇게 지나갔지만, 이 글을 읽는 엄마들은 달랐으면 좋겠다. 양육을 하면서도 '나'라는 끈을 놓지 않았으면 한다. 찾아보면 큰돈을 들이지 않더라도 배우고 즐길 거리는 많다. 복지관이나 문화센터를 이용하면 적은 돈으로도, 또는 운이 좋으면 공짜도 가능하다. 노후까지 고려해서 장기적으로 꾸준히 할 수 있는 것이면 더욱 좋겠다. 나를 잃지 않고 꾸준히 몰입할 수 있는 것이 하나쯤 있다면 자녀가 독립해서 떠난 후라도 크게 헛헛하지 않을 것이다. 양육이 끝나도 아이의 빈자리를 느끼지 않고 그것으로 인해 나의 존재감을 느낄 수 있는 것 하나쯤은 마련해두기를 권한다.

아이가 사춘기로 접어들기 시작하면 엄마의 시간을 더 많이 확보할 수 있으니 얼마나 좋은가. 그때 아이도 전혀 바라지 않는 '아이 바라기'를 하며 속 끓이지 말고 나의 성장에 집중하는 시간을 갖길 바란다. 그런 시간이 생긴다면 실컷 자거나 드라마를 보고 싶다고 할지도 모른다. 고된 육아에 몸이 지쳐서 쉬고 싶을 수 있다. 킬링 타임용 취미가 스트레스 해소에 도움이 되기도 한다. 잠깐은 괜찮지만 될 수 있으면 엄마 자신의 성장을 위한 일이라면 좋겠다. 영화나 전시회 같은 문화생활도 좋고 카페에서 커피를 마시면서 책을 읽거나 글을 써도 좋다.

누군가와 함께해도 좋지만 될 수 있으면 혼자만의 시간을 권하고 싶다. 동네 엄마들과 수다는 유모차를 밀면서도 할 수 있다. 혼자만의 시간을 가져야 나 자신을 제대로 들여다볼 수 있다. 살림과 육아를 하는 틈바구니에서도 자신에게 집중하며 내 삶의 방향을 점검하는 시간은 꼭 필요하다.

다음으로는 내 몸에 잘 맞는 운동을 찾아 꾸준히 하면 좋겠다. 육아나 살림만으로도 이미 몸은 녹초가 될 지경인데 무슨 운동까지 해야 하냐고 말할지도 모른다. 나도 그랬다. 하지만 내가 뒤늦게 운동을 시작하고 나서야 알았다. 운동은 에너지를 소모하는 것이 아니라 에너지를 만들어준다. 운동으로 끌어올린 체력은 삶의 질도 끌어올린다. 육아나 살림에 쓰고도 남는 에너지가 생긴다.

　운동은 몸의 변화는 당연하고 가라앉은 마음도 끌어올려 의욕이 샘솟게 한다. 실과 바늘처럼 몸과 마음은 한 세트다. 신체 운동이 마음의 우울감을 낮춘다는 이야기는 새삼스러울 정도다. 육아 우울증이나 갱년기 우울증에 가장 좋은 약이 운동이라는 것은 의사들도 인정한 공공연한 사실이다.

　돈과 시간에 구애받지 않는 운동으로는 수강권이 필요 없는 산책이나 러닝이 있다. 나는 내 의지를 믿지 못해서 돈이 아까워서라도 운동을 하게 만들려는 전략으로 필라테스를 택했지만 말이다. 남들이 좋다고 말하는 운동 말고 내 성향에 맞는 운동을 찾아서 꾸준히 해보자. '재테크보다 근테크'라는 말도 있듯이, 양질의 노후를 바란다면 돈보다 중요하고 가장 필요한 조건이 건강한 몸이다.

　뿐만 아니라 몸의 에너지가 남아돌면 마음의 여유가 생긴다. 조금은 더 너그러운 마음으로 가족을 바라볼 수 있는 여유가 생긴다. 사춘기 자녀 옆에 붙어 앉아 골머리 앓을 시간에 밖으로 나가 동네 한 바퀴를 돌고 들어오면 아이가 다르게 보일 수도 있다.

　마지막으로 자신만의 감정 해소 창구를 만들기를 바란다. 결혼 생활에서 아내의 역할이든 엄마의 역할이든 마음 추스르고 진정해야 할 일이 얼마나 많은가. 기쁘고 좋은 감정이야 마음껏 표현하고 드러내면 된다. 하지만 시도 때도 없이 불쑥 올라오는 부정적인 감정을 처리하기란 쉽지 않다. 속상하고 짜증 나고 화나는 일, 슬픈 일이 있을 때마다 내 감정을 받아줄 사람을 찾을 수는 없다. 좋은 소리도 한두 번인데 부정적인 말을 들어주는 사람 기분도 고려해야 한다. 게다가 아무리 흉허물이 없는 사이라고 해도 집안의 곪은 사정을 시시콜콜히 얘기하는 일은 조심해야 한다.

가족을 포함한 다른 이들을 괴롭히지 않으면서 부정적인 감정을 배설할 방법이 하나쯤은 있어야 한다. 개운한 기분이 들도록 감정이 정화되는 어떤 것이면 좋다. 다만 주의할 점은 그것이 감정의 일시적인 도피나 회피여서는 안 된다. 해소되지 않은 감정은 켜켜이 쌓여있다가 언제든 도화선이 자극되는 순간 한꺼번에 폭발하듯이 뚫고 나오기 때문이다. 다음에 같은 상황을 마주했을 때 달라진 나를 느낄 수 있어야 한다. 이전에 비해서 부정적인 감정의 강도가 미세하게나마 약해졌다면 그것만으로도 성숙해지고 있다는 증거다.

내가 찾은 방법은 '감정 일기' 쓰기였다. 부정적인 감정을 건강하게 해소할 방법이 뭘까 궁리하다가 시작했고 지금까지 십 년 넘게 감정 일기를 쓰고 있다. 시작한 계기는 큰애의 사춘기가 시작되며 엄마로서 갈피를 잡지 못할 때였다. 나로서는 이해되지 않는 아이를 바라보며 올라오는 감정을 토해낼 데가 없었다. 남을 붙들고 가족에 대한 부정적인 이야기를 하소연하는 것은 누워서 침 뱉기나 마찬가지였다. 몇 번은 가까운 이들에게 털어놓기도 해봤지만, 속이 시원해지기는커녕 내가 내 흉을 본 듯한 기분에 뒤가 개운치 않았다. 하지만 속은 타들어 가고 해소할 데가 없었다. 그럴 때 감정 일기는 나의 대나무숲 같은 친구이자 상담실이 돼주었다.

노트북을 열어 아이 때문에, 남편 때문에 속상한 이야기를 토해내기 시작했다. 뒷담화도 하고 짜증도 내고 화도 냈다. 내가 무슨 말을 해도 토씨 하나 달지 않고 묵묵히 들어주었다. 그러다 보면 식식대던 마음이 사르르 가라앉고 지저분한 감정을 말끔하게 비워낸 듯 시원해지는 기분이었다. 그러고 나면 진짜 내 마음이 보이기 시작했다.

부정적인 감정에 가려져 보이지 않던, 저 밑바닥에 가라앉아 있던 속마음이 보였다. 아이에게 화가 나는 까닭은 나 자신의 결핍과 거기에서 비롯된 욕심, 집착 때문이라는 것을 깨달았다. 아이는 내 눈에만 이상하게 보일 뿐 잘 자라는 중이었다. 결국은 나의 문제였고 그것은 내가 스스로 해결해야 할 문제이지 아이를 통해서 대리만족으로 해결하려고 해서는 안 될 일이었다. 나의 결핍, 집착, 강박을 인정하자 그때부터 나의 양육 방식이 조금씩 달라지기 시작했다. 사춘기 양육을 하면서 나의 마음을 내려놓을 수 있었던 가장 큰 공은 감정 일기에 있는지도 모르겠다.

양육 스트레스가 클수록 엄마는 아이를 바라보는 시선을 나에게로 돌려야 한다. 내가 가장 소중한 사람이라는 인식이 중요하다. 나에게 자주 안부를 물어야 한다. 몸이 불편하고 힘든 곳은 없는지, 마음 한구석이 억눌리거나 억지로 참고 있지는 않은지. 엄마 자신을 귀하고 소중한 존재로 바라보게 되면 자연스럽게 가족을 그러한 시선으로 대할 수 있다.

엄마는 신이 아니다. 아이들이 자라서 성인이 될 때까지 엄마역할을 수행하는 지극히 평범한 인간이다. 고정되고 이상적인 엄마 유형도 없다. 세상에는 여러 유형의 엄마들이 존재하고 나도 고유한 특성을 가진 엄마다. 양육이 끝나는 날까지 엄마의 꿈을 잊지 말고 자신을 돌보며 성장하기를 바란다.

얼마 남지 않은 양육의 나날,
너와 나의 아름다운 독립을 꿈꾸며

'드디어 바라던 날이 머지않았군'. 올해 3월 문득 들었던 생각이다.

매년 3월이면 일 년간의 학교 일정을 핸드폰에 입력한다. 내 학교는 기본이고 아이들이 다니는 학교의 방학, 시험 기간, 개학일까지 일 년 치를 모조리 입력한다. 큰아이는 고등학교 졸업과 동시에 끝난 일이고 고3인 작은애 일정을 입력하다가 문득 깨달았다. 이것도 올해가 마지막이구나. 양육의 끝이 얼마 남지 않았구나. 복잡하고 미묘한 기분이었다.

딸은 고맙게도 집에서 다닐 수 있는 대학에 붙었다. 학교까지 가려면 한 시간 넘게 걸렸지만, 자취하면 들어갈 수고와 비용에 비하면 충분히 감수할만했다. 문제는 오전 수업이라도 있는 날이면 새벽같이 나가도 출근 시간과 겹쳐서 힘들다는 것이다. 팀

별 과제를 마치고 늦은 귀가를 해야 하는 날에는 더욱 고됐다. 그렇게 2년을 다니고 나서, 딸과 상의 끝에 학교생활에 더 집중하려면 학교 근처에서 자취하는 것이 낫겠다는 결론을 내렸다.

개강을 한 달 남짓 앞두고 방을 알아보기 시작했다. 아이가 부동산 공부를 하기에 좋은 기회였다. 나는 살던 전셋집을 경매로 날릴 뻔한 뼈저린 경험이 있는지라 세상에 나쁜 경험은 없다는 믿음으로 기회가 온다면 부동산에 대해 가르쳐주려고 마음먹고 있었다. 우리가 지원 가능한 보증금 한도 내에서 마음에 드는 곳을 찾아보라고 했다.

아이가 며칠 동안 부동산 앱을 뒤져 추려온 방들은 주로 대학생이 자취하는 원룸이나 다세대 주택이었다. 그중에서 몇 개를 제외하면서 이유를 알려줬다. 방은 큰데 월세가 싸다면 싼 이유가 있다. 시공연도가 너무 오래된 집은 고칠 데가 많아서 세입자도 불편하니 제외. 1층은 여름에 하수도 냄새가 올라오거나 비가 많이 오면 역류할 수도 있으니 제외. 맨 꼭대기 층은 냉난방비가 많이 들어갈 수 있으니 제외해야 한다고 알려줬다. 인터넷으로 본 방이 아무리 마음에 들어도 실제로 가 보면 상황이 다를 수 있으니 아이와 함께 집을 보러 갔다.

가기 전에 미리 집을 확인하는 방법도 알려줬다. 아이는 뭐가 그리 재미있는지 눈을 반짝이며 메모했다. 창이 난 방향과 빛이 잘 들어오는지 체크. 싱크대나 세면대 물도 틀어보고 변기 물도 잘 내려가는지 체크. 벽도 두드려 보고 곰팡이 유무도 체크. 빌트인 전자제품이 잘 작동되는지도 체크. 몇 집을 둘러보며 나는 뒤로 물러나고 아이에게 직접 확인해보라고 했다. 사진은 실제보다 넓어 보이고 깨끗해 보였다는 것을 아이도 느꼈다. 그야말로 생생한 현장 체험학습이었다.

딸은 선택지 중 마음에 드는 방으로 계약하고 지금까지 2년째 잘 살고 있다. 집을 보러 다니고 계약을 하고 이사 후에 잔금을 치르고 등기부등본을 꼼꼼히 확인하고 확정일자를 받기까지의 모든 과정을 스스로 하며 세입자 체험학습을 제대로 했다. 어디서도 가르쳐주지 않는 이런 이야기와 체험에 아이는 학교 공부보다 더 재미있다면서 열정을 보였다. 세상살이를 위한 첫발을 딸아이는 그렇게 떼었다.

딸은 자취를 시작하고부터는 살림꾼이 됐다. 주말마다 본가에 오는데 뭐라도 챙겨 가서 생활비를 줄여보겠다는 심산인 듯 구석구석을 뒤져서 물어 나르기 바쁘다. 나 역시 친정에 갈 때마다 엄마가 바리바리 챙겨주는 걸 싸 와서 야무지게 쟁여두고 먹었기 때문에 '역시 내 딸 맞네' 하며 피식 웃음이 나온다.

딸은 과제로 눈코 뜰 새 없이 바쁠 때를 제외하면 배달 음식이

나 패스트푸드는 먹지 않고 제 손으로 만들어 먹기를 좋아한다. 중학교 때부터 혼자서 잔치국수를 만들어 먹었고 파스타는 나보다 맛있게 만들 정도로 요리를 좋아하는 아이다. 아이는 생활비 중에서 식비를 주 단위로 쪼개놓고 그 돈으로 장을 본다고 했다. 삼시세끼를 다 챙겨 먹지는 못해도 한번을 먹더라도 필요한 소스를 갖춰놓고 요리를 해서 제대로 먹으려고 한다고 했다. 그렇게 해 먹는 것이 사 먹는 것보다 돈이 훨씬 덜 든다며 알뜰한 주부 같은 소리를 한다.

 아침에 일어나면 이불 정리부터 한다는 말에 방 정리로 내 스트레스 지수를 올렸던 아이 사춘기 때가 떠올라 헛웃음이 났다. 사춘기가 되면 아동기 때의 그 아이가 사라지듯, 사춘기 때 나를 한숨짓게 하던 그 아이는 이제 온데간데없이 사라졌다. 딸의 본성을 내가 몰랐던 건지, 사춘기가 지나고 다시 태어난 건지 눈을 씻고 다시 보게 한다. 아이의 사춘기 시절은 나의 걱정이 걱정을 키운 헛된 걱정이었다. 그런 큰애를 보면서, 작은애한테 입이 달싹거리다가도 침을 꿀꺽 삼킨다. 큰애를 기른 시행착오의 혜택은 작은애가 받는 듯하다.

 딸은 지금 편의점 아르바이트를 2년째 하고 있다. 딸의 친구가 하던 아르바이트를 물려받아서 1주일에 하루, 12시간을 꼬박 일한다. 아이가 하겠다는 걸 말리진 않았지만, 밤늦은 시각에 찾는 취객 손님 때문에 걱정되기도 했다.

그래도 딸이 종종 들려주는 진상 손님 썰이 흥미롭다. 대놓고 반말부터 하는가 하면, "왜 이렇게 비싸. 두부 없어? 두부? 뭔 편의점에 두부도 없어." 따지는 손님에, 봉툿값을 왜 받냐고 빈정거리는 손님까지, 들어보면 천태만상에 각양각색이다. 어느 날은 진상 인간 때문에 열을 펄펄 내길래 힘들면 그만두라고 해도 일주일 후에 또 편의점으로 향한다. "그래도 이만한 곳이 없어."라고 하면서.

나름 대처법을 터득했다고도 했다. 얼굴에 미소를 잃지 않고 "그러게요. 저도 비싸서 여기서 안 사 먹어요."라고 하거나, 눈을 동그랗게 뜨고 짧고 단호한 목소리로 "네." 하면 군소리 없이 나간다고 한다. 한때는 포켓몬 빵 스티커를 구하려고 난리였던 적이 있다. 울고불고하는 아이 때문에 빵이 입점하면 바로 전화로 알려달라는 황당한 엄마를 보고는 "엄마도 학교에서 참 힘들겠다."라고 했다.

딸은 이제 웬만한 손님에 스트레스받지 않는다. 경험보다 좋은 선생님은 없다. 어떤 강의에서 진상 손님 대처법을 배울 수 있을까. 편의점에서 진상을 경험했으니 사회 어디에나 일정한 비율로 존재한다는 '진상 보존의 법칙'에 그리 놀라지는 않겠지.

그러고 보면 아르바이트로 돈을 벌기도 하지만 사회에 대한 면역력을 길러주는 예방주사를 미리 맞는 것 같기도 하다.

 딸은 독립 만세를 부를 날이 머지않았다. 아들도 대학에 가고 군대에 다녀오면 비슷한 순서를 밟아 갈 거다. 아이들의 독립이 코앞에 있다는 것은 나도 양육에서 독립할 날이 머지않았다는 뜻이기도 하다. 애들 어려서 양육으로 몸과 마음이 지칠 때, 나중에 애들 다 키우고 나면 목청 높여 "양육 독립 만세!"라도 부를 것 같았는데, 지금 마음은 이상하게 그렇지 않다. 한쪽은 후련하지만 한쪽으로는 서운하다.

 후련함이야 따져보지 않아도 알겠는데 서운함의 정체는 뭘까. 그토록 밉던 사춘기와 이별하는 게 뭐 그리 안타까울 일도 아닌데 말이다. 여기쯤 오니 내가 정말 양육의 끝을 바랐던 건지도 의심스럽다. 세상을 향해 날아가는 아이들에게 웃으며 "잘 가." 하고 손 흔들어주고 싶었는데 말이다. 애들 발목이라도 잡고 떠나지 말아 달라며 질척거리고 싶은 걸까. 이럴 땐 양육에 쿨한 남편한테 한 수 배우고 싶다.

 마음에 구멍이 뚫린 듯한 공허함의 정체는 뭘까. 엄마로서의 존재 의미가 사라지는 듯해서 그런 걸까. 이럴 것을 예상하고 미리부터 이것저것 취미생활도 해봤지만, 아이들이 차지하고 있던 빈자리를 채워주지는 못한다. 뜨개질도 책도 운동도 애들이 남겨놓은 빈자리와 동등한 부피감일 수는 없다. 그렇다고 애들을 다시 주머니에 쑤셔 박아 캥거루족으로 만들까, 아이들이 떠난 빈방을 쳐다보며 쓸쓸함에 몸부림칠까. 자식을 캥거루로 만들기도 싫고 자기 연민에 빠지기도 싫다.

부모 자녀 관계란 죽어야 끝나는 관계라고 하지 않나. 부모님이 돌아가시면 끝날 것 같지만 돌아가신 후에도 부모의 빈자리에 사랑이든 애증이든 남아서 자식에게 끈질기게 영향을 미친다. 사춘기가 끝나고 성인 자녀가 되면 또다시 새로운 관계 설정이 필요하다.

자취생 딸은 자주 본가에 다녀간다. 사춘기 때와는 다른 종류의 인생 문제를 마주한 딸은 올 때마다 이런저런 이야기를 늘어놓는다. 그 시절이면 누구나 하는 비슷한 고민이고 과정이라는 것을 안다. 충고나 조언을 해볼까 입이 간지럽지만 내 말이 아이의 입을 막을까 봐 그저 들어준다. 이야기를 하다가 스스로 해결책을 찾기도 하고 가끔은 내 생각을 묻거나 조언을 구하기도 한다. 그러면 내 경험이나 도움이 될만한 이야기를 들려준다. 멘토와 멘티 같은 이 정도 관계면 적당하지 않을까. 이제 나는 성인이 된 딸에게 인생 선배로 남아야겠다.

아이만 독립할 일이 아니다. 나도 아이들로부터 독립해야 한다. 아이들에게 인생의 주도권을 넘겼듯이 나도 내 인생의 주도권을 찾을 때다. 남은 인생의 의미, 존재의 의미를 이제는 아이들이 아닌 나 자신에서 찾기로 했다. 얼마 남지 않은 양육의 나날, 너와 나의 아름다운 독립을 꿈꾸며 다음 장의 인생을 계획해 본다.

에필로그

Enjoy your life, enjoy my life

유명인들이 부모와 재산 갈등을 겪는다는 기사를 종종 본다. 자녀와 동일시가 지나쳐서 자식의 주머니도 동일시하는 걸까, 뒷바라지했으니 부모로서 받을 당연한 보답이라고 여기는 걸까. 부모가 사춘기 자녀를 대하기도 어렵지만, 성인 자녀와의 적정한 거리를 유지하기도 어려운가 보다. 자녀가 주민등록증이 나오고, 대학에 가고, 취업을 하고, 결혼을 할 때마다 상황에 맞춰 적절한 관계 설정을 다시 세팅해야 하는 듯하다.

아들의 사춘기가 끝날 조짐이 보인다. 어제는 자기 방에만 틀어박혀 있던 아들이 오랜만에 거실로 나와서는 천연덕스럽게 나에게 먼저 말을 걸었다. 자신이 언제 입을 다물기라도 했냐는 듯 예전처럼 일상의 대화를 스스럼없이 한다. 물 흐르는 듯한 대화가 얼마 만인지. 게다가 요즘 들어서는 씻으라는 말을 안 했는데도 알아서 씻는다. 사춘기는 시작도 갑작스럽지만, 끝나는 것도 이렇게 느닷없다. 작별 인사도 없이 갑자기 훌쩍 떠나는 그분의 행보는 역시 놀랍다.

아들은 사춘기와 성인의 경계에 있다. 매번 나는 경계에서 방황한다. 아동기에서 사춘기로 접어드는 경계에서 아이의 변화에 당황하며 적정거리를 잡기 어려웠다. 사춘기가 끝났으니 잔치라도 벌일 일이지만 성인이 된 아이를 대하는 나의 거리 조절이 다시 한번 필요하다. 이럴 땐 교통표지판이라도 있으면 좋겠다. 앞차와의 적정거리를 알려주듯 성인 자녀와의 안전거리를 알려주며 교통 규칙 같은 생활 지침이라도 있으면 좋으련만.

모든 아이에게 똑같이 적용되는 일반론이란 없으니 더욱 어렵다. 부모가 다르고 환경이 다르고 무엇보다 아이들 개개인의 특성에 따라 적정거리는 각기 다르기 때문이다. 이런 때일수록 내 아이를 살펴야 한다. 양육의 답은 내 아이에게 있기 때문이다. 내 아이가 원하는 거리가 적정거리일 것이다.

두 아이 모두 성인이 될 날이 가까워지고 있지만 완전한 독립을 맞이하기까지는 여전히 먼일이다. 어제는 딸이 먼저 연락을 해왔다. 이럴 땐 둘 중의 하나다. 돈이 필요하거나 뭔가 아쉬운 일이 있거나. 이번엔 전자였다. 경제적으로 완전한 독립을 하기엔 아직 이르다. 예상외의 돈이 필요하다는데 줘야지 어쩌겠나. 성인이라고는 해도 아직은 부모의 경제권 그늘에 있다.

돈의 힘은 막강하다. 부모가 돈의 권력을 휘두른다면 자녀를 굴복하게 할 수도 있다. 자녀 스스로 벌지 못한다면 부모가 내미는 용돈 앞에 비굴해질 수밖에 없기 때문이다. 그렇게 해서라도 자녀를 그늘에 두고 싶은 부모가 있을지는 몰라도 돈으로 묶어두는 자녀라니, 자녀는 비참하고 부모는 포악해 보인다. '너와 나의 아름다운 자유'를 외치는 나 같은 사람은 아이들이 자기 밥벌이를 한다면 얼씨구나 할 텐데.

아이들의 성인기를 앞두고 내 인생에도 새로운 전환점을 맞이했다. 그동안 워킹맘으로 일과 양육, 살림이라는 세 마리 토끼를 잡느라 열심히 달려왔는데 이제 워킹은 놓아주기로 하고 오랫동안 망설이던 퇴직을 했다. 양육을 하면서도 잘 버텨온 직장인데다 얼마 있으면 양육이 끝나니 홀가분하게 일에만 집중할 수 있을 텐데, 다들 어떻게든 직장에 오래 버티려고 하는 사이에서 왜 그만두려고 하는지 궁금해했다.

나의 기질은 원초적으로 자유를 그리워한다. 하지만 마음은 항상 다른 무언가를 바라면서도 직장을 놓지 못한 이유가 뭘까 곰곰이 생각해보니, 안정적인 직업을 내 발로 걷어차는 내가 바보처럼 보일까 봐서였다. 남들 눈이 두려워서, '그래도 이만한 직장이 어디 있냐?' 하며 매번 나를 다독여왔다. 한창 아이들을 키울 때는 엄마가 세상의 전부인 두 아이가 있었고 돈이 필요했다. 직장에서 자아실현을 하는 사람도 있다지만, 나는 생계형 직업인이었다. 큰돈을 벌지는 못해도 안정적이고 일반 회사보다 퇴근이 빠르고 아이들과 함께 방학을 보낼 수 있다는 직업의 장점이 내 발목을 잡고 있었다.

다른 직업도 아니고 교사인데 그렇게 얄팍한 계산을 하냐고 말할지도 모른다. 교사라면 사명감으로 일해야 하지 않냐고. 그렇다. 나는 교사가 된 후에 단 한 순간도 사명감을 잊은 적이 없다. 내가 학교에서 아이들을 가르쳤던 시간은 교장, 교감을 위해서도 아니었고 승진을 위해서도 아니었다. 교육을 책임지고 있다는 사명감 때문이었다. 그것은 교사로서 자존심이었고 그것 때문에 27년을 할 수 있었다. 다만 교사도 엄마고, 자본주의 테두리 안에서 살아가는 생활인이고, 꿈이 있는 인간이다.

아이들을 키우고 양육에서 졸업하면 온전한 나로 남는다. 나이 오십에 '오춘기가 왔냐, 갱년기 때문이냐?'라고 하지만 이도 저도 아니다. 내가 간절히 원해서 선택한 직업은 아니었지만, 많은 이들이 격려하고 응원해주는 길이 옳은 길이라고 믿으며 버텨왔다. 더 늦기 전에 남들이 말하는 기준이 아닌 나의 기준으로 살아보기로 했다. 더 늦으면 몸과 마음의 에너지가 고갈돼서 무언가를 해볼 엄두조차 나지 않을 것 같았다. 그래서 내 마음이 원하는 길을 가 보라고 말해주었다. 누군가에겐 배부른 소리로 들리고 내가 바보처럼 보일지라도.

　너무 이른 퇴직에 놀라는 사람들이 많지만, 여한이 없을 만큼 충분히 해봐서 큰 아쉬움도 미련도 없다. 일을 하지 않으려는 것이 아니라 더 오래 할 수 있는 일을 찾기 위해 세상을 둘러보는 중이다. 그동안 아이들에게만 집중했던 포커스를 나에게 돌려 내 마음을 깊이 들여다보는 중이다. 늘 나에게 묻고 있다. "좋아하는 게 뭐야? 하고 싶은 게 뭐야?"라고.

　한때 캘리그라피에 빠졌을 때는 매일 글씨를 쓰고 블로그에 출근 도장을 찍으며 인증사진을 남기기도 했고, 다가오는 오십 대를 어떻게 살고 싶은지에 대한 상념을 책으로 써서 출간도 했다. 유럽의 도시를 돌아보며 인간이 창조한 압도적인 건물과 신이 창조한 대자연 앞에서 경외심으로 바라보기도 했다.

　유럽의 박물관이나 미술관에서 만난 예술 작품에 푹 빠져들었다가 여행에서 돌아온 후에도 감동이 쉬이 가시지 않아서 책을 찾아 읽어보거나 간간이 전시를 찾아다니기도 한다. 요즘은 미술사의 매력에 빠져서 먼 길을 마다치 않고 강의를 들으러 다닌다. 무엇하나 정해둔 목표는 없다. 마음이 내키는 대로, 흘러가는 대로 따라가는 중이다. 그러다 어딘가 정착할 수도 있고 흘러 흘러 떠돌아다녀도 괜찮다.

어릴 때만 해도 오십이 넘은 사람들은 무슨 재미로 사나 했는데 이 나이가 되고 보니 몸과 마음이 예전 같지는 않아도 나름의 희망을 품고 살아간다. 아이들을 다 길러냈으니 어느 때보다 홀가분하고 단출하다. 나를 소중하게 여기고 내 몸과 마음의 건강을 돌보려고 한다.

많이 늦었지만 요즘 나의 일상이 즐겁다. 필라테스를 하며 능지처참을 당하는 듯해도 내 몸에 보약을 준다고 여기면 그마저도 감사하다. 읽고 싶은 책을 마음껏 읽고 글을 끄적거리다가 보고 싶은 전시가 있으면 달려간다. 평생 소처럼 주어진 일을 숙제하듯이 살았다. 현명하지 못해서 적당히 안배하지 못했다. 이제라도 나에게 베짱이 같은 시간을 몰아주고 있다. 이것도 잠깐이란 걸 안다. 아마 조금 지나면 개미 근성을 버리지 못한 나는 일거리를 찾아 여기저기 기웃거리겠지. 그러지 않고는 못 배길 거다. 그래도 지금은 이 생활을 오롯이 즐기며 다음의 삶을 기다리겠다.

나는 아이들이 '내가 누구인지, 내가 무엇을 원하는지' 깨달으며 인생을 살아가기를 바란다. 어쩌면 그것은 전 인생에 걸친 과업이다. 내가 누군지 모른 채로 살아간다면 허깨비가 사는 것이나 마찬가지다. 그것을 찾지 못한 채 살아간다면 언젠가는 다시 원점으로 돌아간다. 두려워하지 말고 세상으로 나아가 자신이 진짜 원하는 삶을 찾기를 바란다.

언제나 변함없이 나의 자리에서 아이들이 돌아오면 두 팔 벌려 맞이할 준비를 하겠다. 날갯짓에 지친 아이들이 몸과 마음을 쉬어갈 수 있는 따뜻한 자리를 마련해두겠다. 아이들의 삶과 내 삶은 그렇게 이어져 있을 것이다. 너희들의 삶을 마음껏 살아라. 나도 내 삶을 마음껏 살 테니. Enjoy your life, enjoy my life!

사춘기, 그분을 어떻게 모실까

초판 1쇄 인쇄	2025년 2월 3일
초판 1쇄 발행	2025년 2월 17일

지은이	김주애

펴낸이	이장우
책임편집	송세아
디자인	theambitious factory
편집 제작	안소라 김소은
관리	김한다 한주연
인쇄	KUMBI PNP

펴낸곳	도서출판 꿈공장플러스
출판등록	제 406-2017-000160호
주소	서울시 성북구 보국문로 16가길 43-20 꿈공장 1층

이메일	ceo@dreambooks.kr
홈페이지	www.dreambooks.kr
인스타그램	@dreambooks.ceo

전화번호	02-6012-2734
팩스	031-624-4527

* 저자 고유의 '글맛'을 위해 맞춤법 및 표현 등은 저자의 스타일을 따릅니다.

ISBN	979-11-92134-89-5
정가	16,800원